# 机械工程控制基础研究

石建伟 陈景龙 张 蕾 著

吉林科学技术出版社

**图书在版编目（CIP）数据**

机械工程控制基础研究 / 石建伟，陈景龙，张蕾著
. — 长春：吉林科学技术出版社，2023.3
　　ISBN 978-7-5744-0191-4

　　Ⅰ．①机… Ⅱ．①石… ②陈… ③张… Ⅲ．①机械工
程—控制系统—研究 Ⅳ．① TH-39

中国国家版本馆 CIP 数据核字（2023）第 057292 号

# 机械工程控制基础研究

| | | |
|---|---|---|
| 著 | 石建伟　陈景龙　张　蕾 | |
| 出 版 人 | 宛　霞 | |
| 责任编辑 | 王运哲 | |
| 封面设计 | 树人教育 | |
| 制　　版 | 树人教育 | |
| 幅面尺寸 | 185mm×260mm | |
| 开　　本 | 16 | |
| 字　　数 | 240 千字 | |
| 印　　张 | 10.75 | |
| 印　　数 | 1–1500 册 | |
| 版　　次 | 2023年3月第1版 | |
| 印　　次 | 2023年10月第1次印刷 | |

出　　版　吉林科学技术出版社
发　　行　吉林科学技术出版社
地　　址　长春市福祉大路5788号
邮　　编　130118
发行部电话/传真　0431-81629529 81629530 81629531
　　　　　　　　　 81629532 81629533 81629534
储运部电话　0431-86059116
编辑部电话　0431-81629518
印　　刷　廊坊市印艺阁数字科技有限公司

书　　号　ISBN 978-7-5744-0191-4
定　　价　68.00元

# 前　言

　　随着人类社会的发展，机械结构和自动控制系统两部分有机地结合在一起，使具有自动化功能的机器越来越多，如各种数控机床、机器人、自动化生产线、运载火箭、航天飞船等。虽然不同的自动化控制系统有不同的结构和不同的性能指标要求，但是一般都要求系统具有稳定性、快速性和准确性。为了使机电一体化系统具有优良性能，系统的设计者不仅要拥有全面的现代机械设计理论知识和丰富的实践经验，还要拥有设计自动控制系统的理论和经验。

　　机械工程控制是研究控制论在机械工程中应用的科学。它是一门跨机械制造技术和控制理论的新型交叉学科。控制科学以控制论、信息论、系统论为基础，研究各领域内独立于具体对象的共性问题，即为了实现某些目标，应该如何描述与分析对象与环境信息、采取何种控制与决策行为等问题。它对于各领域的具体应用具有一般方法论的意义，而与各领域具体问题的结合，又形成了控制工程丰富多样的内容。随着工业生产和科学技术的不断发展，机械工程控制作为一门新的学科越来越为人们所重视。原因是它不仅能满足今天自动化技术高度发展的需要，而且与信息科学和系统科学紧密相关。更重要的是，它提供了辩证的系统分析方法，即它不但从局部，而且从总体上认识和分析机械系统，从而对其进行改进和完善，以满足科技发展和工业生产的实际需要。

　　本书讲述了经典控制理论的基本原理及其在机械工程领域中的应用。全书主要介绍了自动控制的基本概念、控制系统在时域和频域中数学模型的建立，分析了单输入单输出线性定常系统的瞬态特性、稳定性和稳态特性，阐述了线性控制系统的时域分析法、频域分析法、根轨迹法及设计校正法。

　　由于编者水平和时间有限、内容涉及的学科较多等，书中难免存在疏漏和不足之处，敬请广大读者批评指正。

# 目　录

# 第一章　机械制造技术

## 第一节　机械制造技术概述

### 一、机械制造技术的现状与发展

机械制造业是一个历史悠久的产业，经历了一个漫长的发展过程。

随着现代科学技术的进步，特别是微电子技术和计算机技术的发展，机械制造这个传统工业焕发了新的活力，增加了新的内涵。机械制造业无论在加工自动化方面，还是在生产组织、制造精度、制造工艺方法方面都发生了令人瞩目的变化，这种变化就是现代制造技术。现代制造技术更加重视技术与管理的结合，重视制造过程的组织和管理体制的精简及合理化，从而产生了一系列技术与管理相结合的新的生产方式。

近几年来，数控机床和自动换刀各种加工中心已成为当今机床的发展趋势。

在机床数控化过程中，机械部件的成本在机床系统中所占的比重不断下降，模块化、通用化和标准化的数控软件，使用户可以很方便地达到加工目的。同时，机床结构也发生了根本变化。

随着加工设备的不断完善，机械加工工艺也在不断变革，促使机械制造精度不断提高。

近年来新材料不断出现，材料的品种猛增，其强度、硬度、耐热性等不断提高。新材料的迅猛发展对机械加工提出新的挑战。一方面迫使普通机械加工方法要改变刀具材料、改进所用设备；另一方面对于高强度材料，特硬、特脆和其他特殊性能材料的加工，要求应用更多的现代物理、化学、材料科学知识来开发新的制造技术。

由此出现了很多特种加工方法，如电火花加工、电解加工、超声波加工、电子束加工、离子束加工以及激光加工等。这些加工方法，突破了传统的金属切削方法，使机械制造工业出现了新的面貌。

近年来，我国大力推进先进制造技术的发展与应用，先进制造技术已被列为国家重点科技发展领域，并将企业实施技术改造列为重点，寻求新的制造策略，建立新的包括市场需求、设计、车间制造和分销集成在一起的先进制造系统。

该系统集成了计算机辅助设计（CAD）、计算机辅助制造（CAM）、计算机辅助工艺设计（CAPP）、计算机辅助工程（CAE）、计算机辅助质量管理（CAQ）、企业资源计划（ERP）、物料搬运等单元技术。这些单元技术集成为计算机集成制造系统CIMS。

## 二、机械制造的一般过程

### （一）机械制造系统理论

从宏观上讲，机械制造就是一个输入/输出系统。系统理论认为，系统是由多个相互关联和影响的环节组成的一个有机整体，在一定的输入条件下，各个环节之间位置相对稳定、协调的工作状态。

具体介绍如下：（1）机械加工的主要任务是将选定的材料变为合格产品，其中材料是整个系统的核心。（2）能源用于为系统提供动力，在制造过程中不可或缺。（3）信息用于协调系统各个部分之间的正常工作。随着生产自动化技术的发展，系统的结构日益复杂，信息的控制作用越来越重要。（4）外界干扰是指来自系统外部的力、热、噪声及电磁等影响，这些因素会对系统的工作产生严重的干扰，必须加以控制。（5）合格产品必须达到其使用时必需的质量要求，具体包括一定的尺寸精度、结构精度及表面质量。另外，还应尽量降低产品的成本。（6）机械制造系统必须与场地、熟练的操作人员以及成熟的加工技术等支撑因素配合起作用，才能生产出合格的产品。

采用系统的观点来分析机械制造过程有助于更好地理解现代生产的特点。一条生产线就构成一个相对独立的制造系统。这类系统结构清晰，但是不够紧凑。

当功能强大的数控机床出现以后，一台数控加工中心可以取代一条生产线的工作，并且生产效率更高、质量更优，这样的制造系统更加优越。

### （二）自动化制造系统

自动化制造系统是指在较少的人工直接或间接干预下，将原材料加工成零件或将零件组装成产品。

自动化制造系统包括刚性制造和柔性制造。"刚性"的含义是指该生产线只能生产某种产品或生产工艺相近的某类产品，表现为生产产品的单一性。刚性制造包括组合机床、专用机床、刚性自动化生产线等。"柔性"是指生产组织形式和产品及工艺的多样性和可变性，具体表现为机床的柔性、产品的柔性、加工的柔性以及批量的柔性等。柔性制造包括柔性制造单元（FMC）、柔性制造系统（FMS）、柔性制造线（FML）、柔性装配线（FAL）、计算机集成制造系统（CIMS）等。下面依据自动化制造系统的生产能力和智能程度进行分类介绍。

1. 刚性自动化生产

（1）刚性半自动化单机

除上、下料外，机床可以自动完成单个工艺过程的加工循环，这样的机床称为刚性半自动化机床。这种机床一般是机械或电液复合控制式组合机床和专用机床，可以进行多面、多轴、多刀同时加工，加工设备按工件的加工工艺顺序依次排列。切削刀具由人工安装和调整，实行定时强制换刀，如果出现刀具破损、折断，可进行应急换刀，如单台组合机床、通用多刀半自动车床、转塔车床等。从复杂程度讲，刚性半自动化单机实现的是加工自动化的最低层次，但是投资少、见效快，适用于产品品种变化范围和生产批量都较大的制造系统。缺点是调整工作量大，加工质量较差，工人的劳动强度也大。

（2）刚性自动化单机

这是在刚性半自动化单机的基础上增加自动上、下料等辅助装置而形成的一种自动化机床。辅助装置包括自动工件输送、上料、下料、自动夹具、升降装置和转位装置等；切屑处理一般由刮板器和螺旋传送装置完成。这种机床实现的也是单个工艺过程的全部加工循环。这种机床往往需要定做或改装，常用于品种变化很小，但生产批量特别大的场合。其主要特点是投资少、见效快，但通用性差，是生产最常见的加工装备。

（3）刚性自动化生产线

刚性自动化生产线是在多工位生产过程中，用工件输送系统将各种自动化加工设备和辅助设备按一定的顺序连接起来，在控制系统的作用下完成单个零件加工的复杂系统。在刚性自动化生产线上，被加工零件以一定的生产节拍，按照顺序通过各个工作位置，自动完成零件预定的全部加工过程和部分检测过程。因此，与刚性自动化单机相比，其结构复杂，任务完成的工序多，所以生产效率也很高，是少品种、大量生产必不可少的加工装备。除此之外，刚性自动化生产线还具有可以有效缩短生产周期、取消半成品的中间库存、缩短物料流程、减少生产面积、改善劳动条件以及便于管理等优点。其主要缺点是投资大，系统调整周期长，更换产品不方便。为了消除这些缺点，人们发展了组合机床自动化生产线，可以大幅度缩短建线周期，更换产品后只需更换机床的某些部件即可（如更换主轴箱），大大缩短系统的调整时间，降低了生产成本，并能收到较好的使用效果和经济效果。组合机床自动化生产线主要用于箱体类零件和其他类型非回转体的钻、扩、铰、镗、攻螺纹和铣削等工序的加工。

2. 柔性制造单元

柔性制造单元（FMC）由单台数控机床、加工中心、工件自动输送及更换系统等组成，它是实现单工序加工的可变加工单元，单元内的机床在工艺能力上通常是相互补充的，可混流加工不同的零件。系统对外设有接口，可与其他单元组成柔性制造系统。

3. 柔性制造系统

柔性制造系统（FMS）由两台或两台以上加工中心或数控机床组成，并在加工自动化的基础上实现物料流和信息流的自动化，其基本组成部分包括自动化加工设备、工件储运系统、刀具储运系统及多层计算机控制系统等。

柔性制造系统的主要特点如下：（1）柔性高，适应多品种、中小批量生产；（2）系统内的机床工艺能力是相互补充和相互替代的；（3）可混流加工不同的零件；（4）系统局部调整或维修不中断整个系统的运作；（5）多层计算机控制，可以和上层计算机联网；（6）可进行三班无人干预生产。

4. 柔性制造线

柔性制造线（FML）由自动化加工设备、工件输送系统和控制系统等组成。柔性制造线与柔性制造系统之间的界限很模糊，两者的主要区别是前者像刚性自动化生产线一样，具有一定的生产节拍，工作沿一定的方向传送；后者则没有一定的生产节拍，工件的传送方向是随机的。柔性制造线主要适用于品种变化不大的中批和大批量生产，线上的机床主要是多轴主轴箱的换箱式和转塔式加工中心。在工件变换以后，各机床的主轴箱可自动进行更换，同时调入相应的数控程序，生产节拍也会进行相应调整。

柔性制造线的主要优点如下：具有刚性自动化生产线的绝大部分优点，当批量不是很大时，生产成本比刚性自动化生产线低得多，当品种改变时，系统所需的调整时间又比刚性自动化生产线少得多，但建立系统的总费用却比刚性自动化生产线高得多。有时为了节省投资，提高系统的运行效率，柔性制造线常采用刚柔结合的形式，即生产线的一部分设备采用刚性专用设备（主要是组合机床），另一部分采用换箱或换刀式柔性加工机床。

5. 柔性装配线

柔性装配线（FAL）通常由装配站、物料输送装置和控制系统等组成。

（1）装配站

FAL中的装配站可以是可编程的装配机器人、不可编程的自动装配装置和人工装配工位。

（2）物料输送装置

在FAL中，物料输送装置根据装配工艺流程为装配线提供各种装配零件，使不同的零件和已装配成的半成品合理地在各装配点间流动，同时还要将成品部件（或产品）运离现场。输送装置由传送带和换向机构等组成。

（3）控制系统

FAL的控制系统对全线进行调度和监控，主要是控制物料的流向、自动装配站和装配机器人。

6.计算机集成制造系统

计算机集成制造系统（CIMS）是一种集市场分析、产品设计、加工制造、经营管理、售后服务于一体，借助计算机的控制与信息处理功能，使企业运作的信息流、物质流、价值流和人力资源有机融合，实现产品快速更新、生产率大幅提高、质量稳定、资金有效利用、损耗降低、人员合理配置、市场快速反馈和良好服务的全新的企业生产模式。

CIMS是目前最高级别的自动化制造系统，但这并不意味着CIMS是完全自动化的制造系统。事实上，目前CIMS的自动化程度甚至比柔性制造系统还要低。CIMS强调的主要是信息集成，而不是制造过程物流的自动化。CIMS的主要特点是系统十分庞大，包括的内容很多，要在一个企业完全实现难度很大，但可以采取部分集成的方式，逐步实现整个企业的信息及功能集成。

# 三、机械制造的基本环节

## （一）毛坯的制造

1.毛坯的基本概念

毛坯制造是机械制造中的重要环节。毛坯的形状和尺寸主要是由零件组成表面的形状、结构、尺寸及加工余量等因素确定的，并尽量与零件相接近，以减少机械加工的劳动量，力求达到少或无切削加工。但是，由于现有毛坯制造技术及成本的限制，以及产品零件的加工精度和表面质量要求越来越高，毛坯的某些表面仍需留有一定的加工余量，以便通过机械加工达到零件的需要技术要求。

毛坯种类的选择不仅影响毛坯的制造工艺及费用，而且也与零件的机械加工工艺和加工质量密切相关。为此需要毛坯制造和机械加工两方面的工艺人员密切配合，合理确定毛坯的种类和结构形状，并绘出毛坯图。

2.常见的毛坯种类

常见的毛坯有以下几种：

（1）铸件

对形状较复杂的毛坯，一般可用铸造方法制造。目前大多数铸件采用砂型铸造；对尺寸精度要求较高的小型铸件，可采用特种铸造，如永久型铸造、精密铸造、压力铸造、熔模铸造和离心铸造等。

（2）锻件

毛坯由于经锻造后可得到连续和均匀的金属纤维组织，因此其力学性能较好，常用于受力复杂的重要钢质零件。其中，自由锻件的精度和生产率较低，主要用于小批生产和大型锻件的制造；模型锻件的尺寸精度和生产率较高，主要用于产量较大的中小型锻件。

（3）型材

型材主要有板材、棒材、线材等，常用截面形状有圆形、方形、六角形和特殊截面形状。就其制造方法又可分为热轧和冷拉两大类。热轧型材尺寸较大，精度较低，用于一般的机械零件；冷拉型材尺寸较小，精度较高，主要用于毛坯精度要求较高的中小型零件。

（4）焊接件

焊接件主要用于单件小批生产和大型零件及样机试制。其优点是制造简单、生产周期短、节省材料、减轻重量。但其抗震性较差，变形大，需经时效处理后才能进行机械加工。

（5）其他毛坯

其他毛坯包括冲压件、粉末冶金件、冷挤件和塑料压制件等。

3.影响毛坯选择的因素

选择毛坯时应该考虑以下几个方面的因素：

（1）零件的生产纲领

大量生产的零件应选择精度和生产率高的毛坯制造方法，用于毛坯制造的昂贵费用可由材料消耗的减少和机械加工费用的降低来补偿。例如，铸件采用金属模机器造型或精密铸造；锻件采用模锻、精锻；选用冷拉和冷乳型材。单件小批量生产时，则应选择精度和生产率较低的毛坯制造方法。

（2）零件材料的工艺性

例如，材料为铸铁或青铜等的零件应选择铸造毛坯；钢质零件当形状不复杂、力学性能要求又不太高时，可选用型材；重要的钢质零件，为保证其力学性能，则应选择锻件毛坯。

（3）零件的结构形状和尺寸

形状复杂的毛坯，一般采用铸造方法制造，薄壁零件不宜用砂型铸造。一般用途的阶梯轴，如各段直径相差不大，可选用圆棒料；若各段直径相差较大，为减少材料消耗和机械加工的劳动量，宜采用锻造毛坯。尺寸大的零件一般选择自由锻件，中小型零件可考虑选择熔模锻件。

（4）现有的生产条件

选择毛坯时，还要考虑本厂的毛坯制造水平、设备条件以及外协的可能性和经济性等。

## （二）机械加工方法

1.传统机械加工的特征

毛坯成形后还特别粗糙，接下来将对其进行精雕细琢，去除多余材料，最后获得理想的产品。近年来，随着材料能源和检测技术的发展，机械加工技术也有了飞速发展，其生产质量和效率明显提高。传统加工的特征如下：(1)刀具材料比被加工材料硬；(2)靠机械能（力的作用）去除多余的材料；(3)加工过程主要靠操作者的经验来控制；(4)自动化程度相对较低，生产效率不高，精度较低。

### 2. 传统机械加工分类及用途

传统的机械加工分为车削、铣削、刨削、磨削、钻削、镗削、拉削和绞孔等，下面进行详细介绍。

（1）车削加工

车削常用来加工单一轴线的零件，如直轴和一般盘、套类零件等。若改变工件的安装位置或将车床适当改装，还可以加工多轴线的零件（如曲轴、偏心轮等）或盘形凸轮。使用不同的车刀或其他刀具，可以加工各种回转表面，如内外圆柱面、内外圆锥面、螺纹、沟槽、端面和成形面等。

车削加工的特点如下：1)易于保证工件各加工面的位置精度。2)切削过程较平稳，避免了惯性力与冲击力，允许采用较大的切削用量，高速切削，利于生产率提高。3)适于有色金属零件的精加工。有色金属零件表面粗糙度要求较小时，不宜采用磨削加工，需要用车削或铣削等。用金刚石车刀进行精细车削时，可达较高质量。4)刀具简单。车刀制造、刃磨和安装均较方便。

（2）铣削加工

铣削是指使用旋转的多刃刀具切削工件，是一种高效率的加工方法。工作时刀具旋转（做主运动），工件移动（作进给运动），工件也可以固定，但此时旋转的刀具还必须移动（同时完成主运动和进给运动）。铣削用的机床有卧式铣床或立式铣床，也有大型的龙门铣床。这些机床可以是普通机床，也可以是数控机床。

铣削加工的特点如下：1)铣刀各刀齿周期性地参与间断切削；2)每个刀齿在切削过程中的切削厚度是变化的。

（3）刨削加工

刨削加工是用刨刀对工件的平面、沟槽或成形表面进行直线切削加工。加工过程中，刀具或工件做往复直线运动，由工件和刀具做垂直于主运动的间歇进给运动。刨削加工主要用于单件、小批量生产及机修车间，在大批量生产中往往被铣床所代替。

刨削加工的特点如下：1)主要用于单件、小批量生产及机修车间；2)刀具较简单，但生产率较低（加工长而窄的平面除外）。

（4）磨削加工

磨削是一种用磨料、磨具切除工件上多余材料的加工方法。根据工艺目的和要求不同，磨削加工工艺方法有多种形式，为了适应发展需要，磨削技术正朝着精密、低粗糙度、高效、高速和自动磨削方向发展。

磨削加工的特点如下：1）可以获得很高的加工精度和表面质量；2）在磨削力的作用下，磨钝的磨粒出现自身脆裂或脱落的现象，称为磨具的自砺性。

（5）钻削加工

钻削加工指的是用钻头、铰刀、锪刀在工件上加工孔的方法。通常，钻头旋转为主运动，钻头轴向移动为进给运动，进给运动可以加工通孔、盲孔；如果将刀具更换为特殊刀具，则可以进行扩孔、锪孔、铰孔或进行攻丝等加工。

钻削加工的特点如下：1）容易产生"引偏"；2）切削热不易传散；3）排屑困难。

（6）镗削加工

镗刀旋转做主运动，工件或镗刀做进给运动的切削加工方法称为镗削加工。镗削加工主要在铣镗床、镗床上进行。

镗削加工的特点如下：1）适应性广；2）可以校正圆孔的轴线位置误差；3）生产效率低；4）适合加工箱体以及支架上的孔系，可保证其位置精度。

（7）拉削加工

拉削加工是使用拉床（拉刀）加工各种内外成形表面的切削工艺。当拉刀相对工件做直线移动时，工件的加工余量由拉刀上逐齿递增尺寸的刀齿依次切除。

拉削加工的特点如下：1）是一种高效率的精加工方法；2）制造成本高，且有一定的专用性；3）主要用于成批大量生产。

（8）绞孔加工

绞孔加工是用定尺寸铰刀或可调尺寸的铰刀在已加工的孔的基础上再进行微量切削，目的在于提高孔的精度。

# 四、机械制造企业工艺过程及其组成

## （一）机械加工工艺系统

机械加工工艺系统是制造企业中处于最底层的一个加工单元，一般由机床、刀具、夹具和工件四要素组成。

机械加工工艺系统是各个生产车间生产过程中的一个主要组成部分，其整体目标是要求在不同的生产条件下，通过自身的装夹机构、运动机构、控制装置以及能量供给等机构，按不同的工艺要求直接将毛坯或原材料加工成形，并保证质量、满足产量和低成本地完成机械加工任务。

现代加工工艺系统一般是由计算机控制的先进自动化加工系统，计算机已成为现代加工工艺系统中不可缺少的组成部分。

## （二）机械制造系统

机械制造系统是将毛坯、刀具、夹具、量具和其他辅助物料作为原材料输入，经过存储、运输、加工、检验等环节，最后输出机械加工的成品或半成品的系统。

机械制造系统既可以是一台单独的加工设备，如各种机床、焊接机、数控线切割机，也可以是包括多台加工设备、工具和辅助系统（如搬运设备、工业机器人、自动检测机等）组成的工段或制造单元。

一个传统的制造系统通常可以分成三个组成部分：①机床；②工具；③制造过程。机械加工工艺系统是机械制造系统的一部分。

### （三）生产系统

如果以整个机械制造企业为分析研究对象，要实现企业最有效的生产和经营，不仅要考虑原材料、毛坯制造、机械加工、试车、装配、包装、运输和保管等各种要素，而且还必须考虑技术情报、经营管理、劳动力调配、资源和能源的利用、环境保护、市场动态、经济政策、社会问题等要素，这就构成了一个企业的生产系统。生产系统是物质流、能量流和信息流的集合，可分为三个阶段，即决策控制阶段、研究开发阶段和产品制造阶段。

# 第二节　切削加工设备

## 一、切削运动与切削要素

### （一）切削的基本运动

切削运动分为主运动和进给运动。

1. 主运动

主运动是指在切削运动中，速度最高、消耗功率最大的运动，由车床主轴带动零件做回转运动。该主运动的大小由工件外圆上的线速度即切削速度 $v_c$ 表示：

$$v_c = \frac{n\pi d}{1000} \quad \text{m/s}$$

式中：$n$——主轴转速（r/s）

$d$——工件最大外径（mm）。

主运动的方向即切削速度 $v_c$ 的方向。主运动是切下切屑最基本的运动，无论何种切削过程，主运动只有一个。

2. 进给运动

进给运动是使金属层不断投入切削，从而加工出完整表面所需的运动。刀具相对于工件回转轴线的平行直线运动。进给运动的大小用进给速度 $v_f$ 表示。

不同的切削加工方法有不同的切削运动。切削的主运动有旋转的，如车床、磨床；也有直行的，如刨床；有连续的，如车床；还有间歇的，如拉床。

## （二）切削要素

在一般的切削加工中，切削要素（切削用量）包括切削速度、进给量和背吃刀量三要素。

### 1. 切削速度 $v_c$

在单位时间内，工件和刀具沿主运动方向的相对位移。单位为 m/s 或 m/min。

若主运动为旋转运动，切削速度为其最大的线速度。若主运动为往复直线运动（如刨削、插削等），则常以其平均速度为切削速度。

### 2. 进给量 $f$

工件或刀具运动在一个工作循环（或单位时间）内，刀具与工件之间沿进给运动方向的相对位移。例如车削时，工件每转一转，刀具所移动的距离，即为（每转）进给量，单位是 mm/r。又如在牛头刨床上刨平面时，刀具往复一次工件移动的距离，即为进给量，单位是 mm/str( 毫米 / 双行程 )。铣削时，由于铣刀是多齿刀具，还常用每齿进给量表示，单位是 mm/z( 毫米 / 齿 )。

单位时间的进给量，称为进结速度，单位是 mm/s( 或 mm/min )。

### 3. 背吃刀量 $a_p$

待加工表面与已加工表面间的垂直距离，单位为 mm。对于车外圆来说，背吃刀量可表达为

$$a_p = \frac{d_w - d_m}{2} \quad \text{mm}$$

式中：$d_w$——待加工圆柱面直径；

$d_m$——已加工圆柱面直径。

## （三）切削层几何参数

切削层是指工件上正被切削刃切削的一层材料，即两个相邻加工表面之间的那层材料。切削层就是工件每转一转所切下的一层材料。切削层参数对切削过程中切削力的大小、刀具的载荷和磨损、工件加工的表面质量和生产效率都有决定性的影响。为简化计算工作，切削层的几何参数一般在垂直于切削速度的平面内观察和度量，它们包括切削层公称厚度、切削层公称宽度和切削层公称横截面积。

### 1. 切削层公称厚度 $h_D$

两相邻加工表面间的垂直距离。公称厚度的单位为 mm。车外圆时：

$$h_D = f \sin \varphi \, \text{mm}$$

从上式可见，切削层厚度和进刀量与刀具和工件间的相对角度有关。

2. 切削层工程宽度 $b_D$

沿主切削刃度量的切削层尺寸，单位为 mm。车外圆时：

$$b_D = \frac{a_p}{\sin\varphi} \quad mm$$

式中：$a_p$——背吃刀量，即待加工表面与已加工表面间的垂直距离。

3. 切削层公称横截面积 $A_D$

切削层在垂直于切削速度截面内的面积，单位为 mm²。车外圆时：

$$A_D = h_D b_D = f a_p \quad mm$$

# 二、刀具的几何参数

## （一）刀具切削部分的组成

1. 刀具的刀面

刀具切削部分由前刀面、主后刀面和副后刀面组成。

前刀面：切屑被切下后，从刀具切削部分流出所经过的表面。

主后刀面：在切削过程中，刀具上与工件的加工表面相对的表面。

副后刀面：在切削过程中，刀具上与工件的已加工表面相对的表面。

2. 刀具的刃

主切削刃：前刀面与主后刀面的交线，切削时主要的切削工作由主切削刃承担。

副切削刃：前刀面与副后刀面的交线，也起一定的切削作用，但不明显。

刀尖：刀尖并非绝对尖锐，而是一段过渡圆弧或直线。

## （二）刀具的主要角度

1. 参考系坐标辅助平面

辅助平面包括基面、切削平面和主剖面。

基面：基面是通过主切削刃上的某一点，且与该点的切削速度方向相垂直的平面。

切削平面：切削平面是通过主切削刃上的某一点，与该点加工表面相切的平面，过该点切削速度矢量在该平面内。

主剖面：主剖面是通过主切削刃上的某一点，且与主切削刃在基面上的投影相垂直的平面。

2. 刀具的标注角度

刀具的标注角度是刀具制造和刃磨的依据。

前角：在主剖面中，前刀面与基面间夹角，根据前刀面与基面的位置不同，又分为正前角、零前角和负前角。

后角：在主剖面中，主后刀面与切削平面间的夹角。

主偏角：在基面上，主切削刃的投影与进结方向间的夹角。

副偏角：在基面上，副切削刃的投影与进给反方向间的夹角。

刃倾角：在切削平面中，主切削刃与基面之间的夹角，刃倾角也有正负和零值。

3. 工作角度

在实际切削过程中，由于刀尖与工件的相互位置，以及受刀具与工件间的相对运动的影响，刀具的实际角度与标注角度是不同的，刀具在切削过程中的实际切削角度称为工作角度。

以车床为例，在切削过程中，有如下诸多因素影响实际的工作角度：

刀尖不在工件的中心线上时，使基面和切削平面发生变化，因而导致前角和后角的改变，如刀尖低于工件中心线，前角变小，而后角变大，反之亦然；刀具轴线不垂直于工件轴线，这种情况会导致主偏角和副偏角的变化。其他因素如非圆柱表面的加工，以及如果将进给运动的影响考虑进去等，这些因素都将影响刀具的工作角度。

# 三、刀具材料

## （一）刀具材料的基本要求

（1）有较高的硬度，只有刀具的硬度大大高于工件材料的硬度，才能进行切削。金属切削刀具材料的常温硬度，一般要求在 60HRC 以上。（2）有足够的强度和韧性，以承受切削力、冲击和振动，防止切削过程中刀具的脆性断裂或刃部的崩刀。（3）有较好的耐磨性，以抵抗切削过程中的磨损，维持一定的切削时间。（4）有较高的耐热性，即在高温下仍能保持较高硬度的性能，又称为红硬性或热硬性。（5）有较好的工艺性，以便于刀具的制造。

目前已开发使用的刀具材料，各有其特性，但都不能完全满足上述要求。我们只能根据被加工对象的材料性能及加工的要求，选用相应的刀具材料。

## （二）常用刀具材料

### 1. 高速钢

它是含 W、Cr、V 等合金元素较多的合金工具钢。它的耐热性、硬度和耐磨性虽低于硬质合金，但强度和初韧性高于硬质合金，工艺性较硬质合金好，而且价格也比硬质合金低。高速钢有较高的热稳定性，在 500℃ ~ 650℃时仍能进行切削。由于高速钢工艺性较好，所以高速钢除以条状刀坯供直接刃磨切削刀具外，还广泛用于制造各种形状较为复杂的刀具，如麻花钻、铣刀、拉刀、齿轮刀具和其他成形刀具等。

### 2. 硬质合金

它是以高硬度、高熔点的金属碳化物（WC、TiC 等）做基体，以金属钴等做黏结剂，用粉末冶金的方法制成的一种合金材料。因为含有大量高硬度、高熔点、高稳定性的碳化物，因而它的硬度高、耐磨性好、耐热性高。所以用硬质合金允许的切削速度比高速钢高得多。但硬质合金的强度和初性均较高速钢低，工艺性也远不如高速钢，难以制作形状较为复杂的刀具。因此，硬质合金常制成各种形式的刀片，采用焊接或机械夹固的方式固定在刀体上使用。

3.陶瓷材料

有 $Al_2O_3$ 和 $Al_2O_3$-TiC 两种。具有很高的硬度，良好的耐磨性和热稳定性。1200℃下仍能进行切削，因而可有更高的切削速度。陶瓷材料价格低廉、原料丰富，很有发展前途。

陶瓷材料脆性大，抗弯强度低，冲击韧性差，易崩刀，因而其使用范围受到一定限制。目前研制的"金属陶瓷"刀片，除 $Al_2O_3$ 外，还含有一些金属元素，与普通陶瓷刀片相比，其抗弯强度有明显提高，应有较大的发展前途。

4.其他新型刀具材料简介

（1）人造金刚石

人造金刚石硬度极高，耐热性为 700℃ ~ 800℃。金刚石除可以加工高硬度而耐磨的硬质合金、陶瓷、玻璃等外，还可以加工有色金属及其合金，但不宜加工铁族金属。这是由于铁和碳原子的亲和力较强，易产生黏结作用而加快刀具磨损。

（2）立方碳化硼（CBN）

立方碳化硼是人工合成的高硬度材料，硬度仅次于金刚石。但耐热性和化学稳定性都大大高于金刚石，能耐 1300℃ ~ 1500℃的高温，并且与铁族金属的亲和力小。因此它的切削性能好，不但适用于非铁族难加工材料的加工，也适用于铁族材料的加工。

（3）涂层刀片

涂层刀片就是在初性较好的硬质合金（YG类）基体表面，涂敷 4 ~ 5μm 厚的一层 TiC 或 TiN，以提高其表层的耐磨性，使切削刀具的使用寿命大大提高。在进行大量生产的生产线上，涂层刀片能大大延长两次更换刀具之间的有效工作时间，从而使生产效率得到很大提高。

# 四、金属切削机床的基本知识

## （一）机床的分类

机床的分类通常是按机床的用途和加工方式的特点来进行的。目前我国的机床分11 大类，即车床、钻床、镗床、磨床、齿轮加工机床、螺纹加工机床、铣床、刨插床、拉床、锯床及其他机床。

其他分类法:根据被加工工件和机床的大小，可将机床分为仪表机床、中小型机床、大型机床、重型机床和超重型机床;根据机床的加工精度，可分为 P 级（普通精度，"P"

可省略）、M级（精密级）和G级（高精度级）；按自动化程度，可分为手动操作机床、半自动机床和自动机床三种；按机床的自动控制方式，可分为仿形机床、数控机床和加工中心等；按机床适用范围，可分为通用机床、专门化机床和专用机床三种；按机床的结构布局形式，可分为立式、卧式、龙门式等。

### （二）机床的基本结构

主轴箱：固定于床身左端，装有主轴部件和主运动变速机构。可通过调整主轴箱上的手柄，获得合适的切削速度；主轴的前端安装夹持工件的装置，如三爪卡盘等。

进给箱：将旋转运动传给丝杠或光杠，通过丝杠或光杠将运动传给溜板箱，以控制刀架的运动。通过进给箱上的手柄，可控制丝杠或光杠的转动速度。

溜板箱：将进给箱传来的运动传给刀架，使刀架横向或纵向进给。溜板箱上装有控制柄和按钮，方便操作。

刀架：刀架部分由几层滑板组成。刀架安装在床身的导轨上，可沿导轨纵向运动。车刀安装在刀架上，可使车刀相对于车床主轴轴线做纵向、横向或斜向运动。

尾座：尾座安装在床身尾部的导轨上，尾座可用于安置顶尖以支撑工件，或安装钻头等刀具进行加工。

床身和左右床腿：这是车床的基本支撑部分，它们的作用是保证安装在上面的各部分部件的稳固和车床工作时保持各部分相对位置的精确。

### （三）机床的传动系统

机床的传动系统由主传动链（主运动传动链）和进给传动链（进给运动传动链）组成。下面以CA6140型卧式车床的传动系统为例，来简单说明机床的传动系统。

由电动机、皮带轮、主轴、卡盘、工件构成主传动链，构成了切削运动中的主运动。而由电动机、皮带轮、挂轮、进给箱、溜板箱、滑板、刀架传动链，构成了进给运动的传动链。

除少数几种机床（如拉床）外，绝大多数机床都有主运动和进给运动传动链。

# 第三节　切削加工技术

## 一、金属切削过程

### （一）切削过程

刀具与工件间的相对运动产生的前刀面与工件的挤压，导致接触处工件产生弹性变形；被切削层的滑移塑性变形，这就叫切削过程；被切削层的底部与前刀面发生强烈的摩擦后被剥离基体。

在切削过程中，被切削部分的金属层与前刀面发生挤压的过程中，在该层金属内部剪应力的作用下，发生层间的滑移或剪断，从而出现切屑的卷曲或碎裂。

### （二）切屑类型

材料的不同，切削速度和刀具角度也不同，产生的切削形态也是多样的。一般来说，可以分为以下四种类型：

带状切屑：高速切削塑性材料，用前角较大的刀具时，会出现带状切屑。切屑过程比较平稳，工件已加工表面质量较好。

节状切屑：低速大进给量切削塑性材料，切削层内剪应力较大，产生挤裂现象，故又叫挤裂切屑。

粒状切屑（单元切屑）：切削塑性材料时，当被剪切面上的应力超过工件材料的强度极限时，出现粒状切屑；当刀具的前角较小、切削速度低、进结量大时会出现粒状切屑。

崩碎切屑：当切削脆性材料（如铸铁）时产生碎粒或粉末状切屑。

前三种切屑都是切削塑性材料时产生的。改变切削条件，可以改变切屑的形态。

## 二、金属切削过程的主要物理现象及规律

### （一）切削过程中切屑及工件的变形

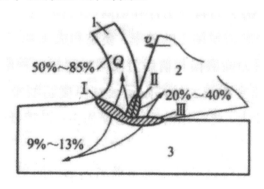

**图 1-1　切削热的产生区域和传播途径**

1.切屑；2.刀具；3.工件

图 1-1 表示在切削过程中的三个变形区及切削热的传递途径。

第一变形区即图中的Ⅰ区，在该区域的被切削层沿 45° 方向发生滑移变形。

第二变形区即图中的Ⅱ区，该部分切屑在沿刀具前面排除时，与前刀面发生挤压和摩擦，使切屑变形。

第三变形区即图中的Ⅲ区，由于切削刃和后刀面与已加工的表面发生挤压、摩擦和弹性变形的回弹作用，使已加工表面的表层组织发生加工硬化。

## （二）积屑瘤

第二变形区内，在一定的切削温度下切削塑性材料时，切屑与前刀面接触的表层产生摩擦甚至黏结，使该表层变形层流速减慢，使切屑内部靠近表层的各层间流速不同，导致切屑内表层初产生平行于黏结表面的切应力。当该切应力超过材料的强度极限时，底层金属被剪断而黏结在刀具的前刀面上，形成积屑瘤。由于金属强烈的塑性变形，积屑瘤的硬度很高，可以代替刀刃进行切削，保护了刀刃。但积屑瘤的顶端伸出切削刃之外，并不断地产生和脱落，导致切削力的变化，引起振动，碎片还可能嵌入工件，造成加工不稳定，影响加工精度。所以在精加工时应避免积屑瘤的产生。积屑瘤的形成主要取决于切削温度，影响切削温度的最重要的因素是切削速度，所以控制积屑瘤的主要方法是控制切削速度。切削速度很低时，切削流动慢，切削温度低，切屑与前刀面的摩擦系数小，不会产生积屑瘤。切削速度很高时，由于切削温度很高，接触层金属呈微溶状态，摩擦系数很小，也不易产生积屑瘤。所以，一般精车采用较高的速度切削，而拉削、铰孔采用较低的速度。

## （三）刀具的磨损

在切削过程中，由于刀具与工件和切屑间的强烈挤压和摩擦，会造成刀具的磨损。刀具的磨损对切削加工的效率、质量和成本都会产生直接的影响。刀具磨损有前刀面磨损、后刀面磨损和前后刀面同时磨损三种形式。

用较高的切削速度和较大的切削层公称厚度切削塑性材料时，第二变形区挤压力和摩擦力较大，此时以前刀面磨损为主；以较低的切削速度和较小的切削层公称厚度切削塑性材料或切削脆性材料时，以后刀面磨损为主；以中等速度、中等厚度切削塑性材料时，前后刀面同时磨损。

刀具的磨损可以分为三个阶段。

第一个阶段，由于刀具刃磨后刀面有许多微观凹凸，因而接触面积小压强大，而磨损较快。这一阶段称为初期磨损阶段。

第二个阶段，由于刀面的微观凹凸已磨平，表面光滑，接触面积大而压强小，所以磨损很慢。这一阶段为正常磨损阶段。

第三个阶段，正常磨损后期，刀具磨损钝化，切削状况逐渐恶化，磨损量急剧加大，切削刃很快变钝，甚至丧失切削能力。这个阶段称为急剧磨损阶段。

为了保证切削工作正常进行，并保证刀具有足够的寿命，必须在刀具的实际磨损量达到急剧磨损阶段之前停止切削，并进行刃磨或更换刀具。刀具刃磨后进行切削，直到急剧磨损前的实际工作时间称为刀具的耐用度。刀具的耐用度越长，两次刃磨或更换刀具之间的实际工作时间越长，工作的效率越高。刀具的寿命指把一把新刀具使用到报废前的总的切削时间。刀具的寿命与刀具的耐用度含义显然不同。在刀具的寿命期内，刀具可多次刃磨，所以刀具的寿命等于刀具的耐用度与刃磨次数的乘积。

# 三、影响金属切削加工的主要因素

## （一）切削用量的合理选择

1. 切削用量对切削加工的影响

（1）对加工质量的影响

切削用量三要素中，背吃刀量和进给量增大，都会使切削力增大，导致工件变形增大，并可能引起振动，从而降低加工精度和增大表面粗糙度值。另外，进给量增大还会使残留面积的高度显著增大，表面更加粗糙。而切削速度增大时，切削力减小，并可减小或避免积屑瘤，有利于加工质量和表面质量的提高。

（2）对刀具耐用度和辅助时间的影响

切削用量中，切削速度对刀具耐用度的影响最大，进给量的影响次之，背吃刀量的影响最小。提高切削速度比增大进给量或背吃刀量，对刀具耐用度的影响大得多。过分提高切削速度，反而会由于刀具耐用度迅速下降，而影响生产率的提高。

综合切削用量三要素对刀具耐用度、生产率和加工质量的影响，选择切削用量的顺序应为：首先选尽可能大的背吃刀量，其次选尽可能大的进给量，最后选尽可能大的切削速度。

2. 背吃刀量的选择

背吃刀量要尽可能取得大些，不论粗加工还是精加工，最好一次走刀能把该工序的加工余量加工完，如一次走刀切除会使切削力太大，机床功率不足、刀具强度不够或产生振动时，可将加工余量分为两次或多次完成。这时也应将第一次走刀的背吃刀量取得尽量大些，其后的背吃刀量取得相对小一些。

3. 进给量的选择

粗加工时，一般对工件的表面质量要求不太高，进给量主要受机床刀具和工件所能承受切削力的限制，这是因为当选定背吃刀量后，进给量的数值直接影响切削力的大小。精加工时，一般背吃刀量较小，切削力不大，限制进给量的因素主要是工件表面粗糙度。

4. 切削速度的选择

在背吃刀量和进给量选定后，可根据合理的刀具耐用度，精加工时，切削力较小，切削速度主要受刀具耐用度的限制。而粗加工时，由于切削力一般较大，切削速度主要受机床功率的限制。

## （二）切削液的选用

根据改变外界条件来影响和改善切削过程，是提高产品质量和生产率的有效措施之一，其中应用最广泛的是合理选择和使用切削液。

1. 切削液的作用

切削液主要是通过冷却和润滑作用来改善切削过程，它一方面吸收并带走大量切削热，起到冷却作用；另一方面它能渗入刀具与工件和切屑的接触表面，形成润滑膜，有效地减小摩擦。合理地选用切削液，可以降低切削力和切削温度，提高刀具耐用度和加工质量。

2. 切削液的种类

（1）水类

如水溶液（肥皂水、苏打水等）、乳化液等。这类切削液比热容大、流动性好，主要起冷却作用，也有一定的润滑作用。在水类切削液中常加入一定量的防锈剂或其他添加剂改善其性能。

（2）油类

油类又称切削油，主要成分是矿物油，少数采用动植物油或复合油。这类切削液比热容小、流动性差。主要起润滑作用，也有一定的冷却作用。

3. 切削液的选用

切削液的品种很多，性能各异，通常应根据加工性质、工件材料和刀具材料等来选择合适的切削液。

粗加工时，主要要求冷却，降低一些切削力及切削功率。提高表面质量和减少刀具磨损，应选用润滑作用较好的切削液，如高浓度的乳化液或切削油等。

加工一般钢材时，通常选用乳化液或硫化切削油。加工铜合金和有色金属时，一般不宜采用含硫化油的切削液，以免腐蚀工件。加工铸铁、青铜、黄铜等脆性材料时，为了避免崩碎切屑进入机床运动部件，一般不用切削液。

高速钢刀具的耐热性较低，为了提高刀具耐用度，一般要根据加工的性质和工件材料选用合适的切削液。硬质合金刀具由于耐热性和耐磨性较好，一般不用切削液。如果要用，必须连续充分地供给，切不可断断续续，以免硬质合金刀片因骤冷骤热而开裂。

切削液的使用目前以浇注法最为普遍。在使用中应注意把切削液尽量注射到切削区，以达到最佳的润滑和降温效果。

## （三）材料的切削加工性

1. 材料切削加工性的概念

材料切削加工性是指材料被切削加工的难易程度。材料切削加工性的好坏往往是相对于另一种材料来说的。具体的加工条件和要求不同，加工的难易程度也有很大差异。常用的表达材料切削加工性的指标主要有如下几种：

（1）一定刀具耐用度下的切削速度

在刀具耐用度时间确定的前提下，切削某种材料所允许的切削速度。允许的切削速度越高，材料的切削加工性越好。一般常用该材料允许的切削速度与正火态45钢允许的切削速度的比值 $K_v$ 来表示。$K_v > 0$ 表示该材料的允许的切削速度较高，切削性能比45钢好；反之亦然。

（2）已加工表面质量

凡较容易获得好的表面质量的材料，其切削加工性较好。精加工时，常以此为衡量指标。

（3）切屑控制或断屑的难易

凡切屑较容易控制或易于断屑的材料，其切削加工性较好。在自动机床或自动线上加工时，常以此为衡量指标。

（4）切削力

在相同的切削条件下，凡切削力较小的材料，其切削加工性较好。在粗加工中，或当机床刚性或动力不足时，常以此为衡量指标。

2. 改善材料切削加工性的主要途径

材料的使用性能要求经常与其切削加工性发生矛盾。我们应在保证零件使用性能的前提下，通过各种途径来改善材料的切削加工性。

直接影响材料切削加工性的主要因素是材料的物理、力学性能。材料的强度和硬度越高，则切削力大，切削温度高，刀具磨损快，故切削加工性较差。而材料的塑性过高，则不易获得好的表面质量，断屑困难，故切削加工性较差。若材料的导热性差，切削热不易传散，切削温度高，其切削加工性也不好。

通过适当的热处理，可以改变材料的力学性能，从而改善其切削加工性。如高碳钢硬度过高不易加工，对其进行球化退火，可获粒状珠光体组织，降低了硬度，切削加工性变好。低碳钢塑性较高，加工性也不好，对其进行正火，可以降低塑性，改善切削加工性。又如铸铁件，在切削加工前进行退火，可降低表层硬度，使切削加工性得到提高。

# 四、磨削过程及磨削机理

## （一）砂轮的特性要素

1. 磨料

砂轮的磨料应具有很高的硬度、耐热性、适当的韧性和强度及锋利的边刃。下面是几种常用磨料。

刚玉类（氧化铝 $Al_2O_3$）：棕刚玉（GZ）、白刚玉（GB），适用于磨削各种钢料，如不锈钢、高强度合金钢、退了火的可锻铸铁和青铜。

碳化硅类（SiC）：黑碳化硅（TH）、绿碳化硅（TL），适用于磨削铸铁、激冷铸铁、黄铜、软青铜、铝、硬表层合金和硬质合金。

高硬磨料类：人造金刚石（yR）、碳化硼（1LD），高硬磨料类具有高强度、高硬度，适用于磨削高速钢、硬质合金、宝石等。

2. 粒度

粒度表示磨粒的大小程度，其表示方法有以下两种：

第一，以磨粒所能通过的筛网上每英寸长度上的孔数作为粒度。粒度号为 5-240#，粒度号越大，则磨料的颗粒越细。

第二，粒度比 240# 还要细的磨料称为微粉。微粉的粒度用实测的实际最大尺寸，并在前冠以字母"W"来表示。粒度号为 W63-W0.5，例如 W7，即表示此种微粉的最大尺寸为 7～5μm，粒度号越小，微粉颗粒越细。

粒度的大小主要影响加工表面的粗糙度和生产率。一般来说，粒度号越大，则加工表面的粗糙度越小，生产率越低。所以粗加工宜选粒度号小（颗粒较细）的砂轮，精加工则选用粒度号大（颗粒较粗）的砂轮，而微粉则用于精磨、超精磨等加工。

此外，粒度的选择还与工件材料、磨削接触面积的大小等因素有关。通常情况下，磨软的材料应选颗粒较粗的砂轮。

3. 结合剂

结合剂的作用是将磨料黏合成具有各种形状及尺寸的砂轮，并使砂轮具有一定的强度、硬度、气孔和抗腐蚀、抗潮湿等性能。砂轮的强度、耐热性和耐磨性等重要指标，在很大程度上取决于结合剂的特性。

作为砂轮结合剂应具有的基本要求是：与磨粒不发生化学作用，能持久地保持其对磨粒的黏结强度，并保证所制砂轮在磨削时安全可靠。

目前，砂轮常用的结合剂有陶瓷、树脂、橡胶。陶瓷应用最广泛，它耐热、耐水、耐酸、价廉，但脆性高，不能承受较大冲击和振动。树脂和橡胶弹性好，能制成很薄的砂轮，但耐热性差，易受含酸、碱切削液的侵蚀。

## （二）磨削加工

1. 磨削加工中的切削运动

外圆磨床的种类很多，但大多数外圆磨削是在普通外圆磨床或万能磨床上进行的。外圆磨削时一般要具有以下四种运动：

（1）砂轮的主运动 $n_c$

$n_c$ 是砂轮的转速，各种磨削加工的主运动都是指砂轮的运动，主运动是由砂轮架上专门的电机驱动砂轮进行。砂轮圆周上的线速度 $v_c=n_c×\pi D_c$，式中 $D_c$ 是砂轮直径，一般 $v_c$ 为 35m/s。

（2）轴向进给运动 $f_a$

工件每转 1 转，在其轴线方向相对于砂轮移动一定的距离。该运动以轴向进给量 $f_a$ 度量。一般 $f_a$ 为砂轮宽度尺寸的 0.2 ~ 0.8。

（3）圆周进给运动 $n_w$

圆周进给运动即工件的回转运动，其线速度 $v_w=n_w×\pi D_w$，式中 $D_w$ 为工件的直径，$v_w$ 比砂轮速度 $v_c$ 小得多，一般仅为每分钟十多米至数十米。

（4）径向进给运动 $f_r$

每经过一次直线往复运动，砂轮就会径向移动一定的距离。该运动以径向进给量 $f_r$ 度量，一般 $f_r=0.005$ ~ 0.02mm。

2. 磨削过程和特点

我们可把砂轮看作一个圆盘形的多刃刀具，但它与一般多刃切刀具（如铣刀）有很大差别。由于砂轮上的磨粒具有形状各异和分布的随机性，因此它们在加工过程中均以负前角在切削，而且磨粒的切削刃刃口处均有钝圆半径的特点。在磨削过程中，当磨粒与工件接触和开始切削时，并未切下切屑，而只是产生滑擦（滑动和摩擦）和刻画作用，并使工件材料向磨粒两侧隆起，直至磨粒前方的金属层塑性变形增大到一定数值时，才形成切屑并脱离工件基体。所以磨削过程实质上是由滑擦、刻画和切削三种共同作用的效果。因而，磨削不仅有切削作用，还有一定的抛光作用。

但由于磨削时的切削速度高，以及切削、滑擦和挤压作用，产生了大量的切削热，而且磨削加工产生的热量比用刀具切削时产生的多。该热量的 50% ~ 80% 传入工件，造成磨削时工件表面出现高温，这将会导致加工精度和表面质量的下降（如表面出现磨削裂纹、力学性能降低等）。因此，为保证工件的加工质量和零件的实用性能，磨削时要采取有效措施以降低磨削温度。

此外，磨削还可用研磨、超精加工、珩磨等光整加工方法获得很高尺寸精度、很高表面质量及很低表面粗糙度。它们与磨削的类似之处是均采用磨料或磨具（油石），利用众多磨粒所形成的微刃的滑擦、切削、抛光等作用，以进行加工。但是它们所使用的磨料粒度远比磨削要细，加工余量和切削速度远比磨削力小，微刃在工件表面形成的轨迹网络远比磨削复杂。由于加工余量和切削速度小等方面的原因，避免了磨削时由于切削热可能产生的某些表面缺陷。

# 第四节　机械零件加工

## 一、轴类零件的加工

### （一）概述

1. 轴类零件的功能和结构特点

轴类零件是机器中常见的零件之一，主要用来传递旋转运动和扭矩，支撑传动零件并承受载荷，而且是保证装在轴上零件回转精度的基础。

轴类零件是回转体零件，一般来说其长度大于直径。轴类零件的主要加工表面是内、外旋转表面，次要加工表面是键槽、花键、螺纹和横向孔等。

轴类零件按结构形状可分光轴、阶梯轴、空心轴和异型轴（如曲轴、凸轮轴、偏心轴等）；按长径比（$L/D$）又可分为刚性轴（$L/D<12$）和挠性轴（$L/D>12$）。其中，刚性光轴和阶梯轴工艺性较好。

2. 轴类零件的技术要求

（1）尺寸精度

尺寸精度包括直径尺寸精度和长度尺寸精度。精密轴颈为 IT5 级，重要轴颈为 IT6 ~ IT8 级，一般轴颈为 IT9 级。轴向尺寸精度一般要求较低。

（2）相互位置精度

相互位置精度主要指装配传动件的轴颈相对于支撑轴颈的同轴度及端面对轴心线的垂直度等。通常用径向圆跳动来标注。普通精度轴的径向圆跳动为 0.01 ~ 0.03mm，高精度轴的径向圆跳动通常为 0.005 ~ 0.01mm。

（3）几何形状精度

几何形状精度主要指轴颈的圆度、圆柱度，一般应符合包容原则（形状误差包容在直径公差范围内）。当几何形状精度要求较高时，零件图上应单独注出规定允许的偏差。

（4）表面粗糙度

轴类零件的表面粗糙度和尺寸精度应与表面工作要求相适应。通常支撑轴颈的表面粗糙度值为 3.2 ~ 0.4μm，配合轴颈的表面粗糙度值为 0.8 ~ 0.1μm。

3. 轴类零件的材料与热处理

轴类零件应根据不同的工作情况，选择不同的材料和热处理方法。一般轴类零件常用中碳钢，如 45 号钢，经正火、调质及部分表面淬火等热处理，得到所要求的强度、韧性和硬度。对中等精度而转速较高的轴类零件，一般选用合金钢（如 40Cr 等），经过调质和表面淬火处理，使其具有较高的综合力学性能。对在高转速、重载荷等条件下工作的轴类零件，可选用 20CrMnTi、20Mn2B、20Cr 等低碳合金钢，经渗碳、淬火处理后，具有很高的表面硬度，心部则获得较高的强度和韧性。对高精度和高转速的轴，可选用 38CrMoAl 钢，其热处理变形较小，经调质和表面渗氮处理，达到很高的心部强度和表面硬度，从而获得优良的耐磨性和耐疲劳性。

4. 轴类零件的毛坯

轴类零件的毛坯常采用棒料、锻件和铸件等毛坯形式。一般光轴或外圆直径相差不大的阶梯轴采用棒料；对外圆直径相差较大或较重要的轴常采用锻件；对某些大型的或结构复杂的轴（如曲轴）可采用铸件。

### （二）轴类零件的一般加工工艺路线

轴类零件的主要表面是各个轴颈的外圆表面，空心轴的内孔精度一般要求不高，而精密主轴上的螺纹、花键、键槽等次要表面的精度要求也比较高。因此，轴类零件的加工工艺路线主要是考虑外圆的加工顺序，并将次要表面的加工合理地穿插其中。下面是生产中常用的不同精度、不同材料轴类零件的加工工艺路线。

1. 一般渗碳钢的轴类零件加工工艺路线

备料→锻造→正火→钻中心孔→粗车→半精车、精车→渗碳（或碳氮共渗）→淬火、低温回火→粗磨→次要表面加工→精磨。

2. 一般精度调质钢的轴类零件加工工艺路线

备料→锻造→正火（退火）→钻中心孔→粗车→调质→半精车、精车→表面淬火、回火→粗磨→次要表面加工→精磨。

3. 精密氮化钢轴类零件的加工工艺路线

备料→锻造→正火（退火）→钻中心孔→粗车→调质→半精车、精车→低温时效→粗磨→氮化处理→次要表面加工→精磨→光磨。

4. 整体淬火轴类零件的加工工艺路线

备料→锻造→正火（退火）→钻中心孔→粗车→调质→半精车、精车→次要表面加工→整体淬火→粗磨→低温时效处理→精磨。

由此可见，一般精度轴类零件，最终工序采用精磨就足以保证加工质量。而对于精密轴类零件，除了精加工外，还应安排光整加工。对于除整体淬火之外的轴类零件，其精车工序可根据具体情况，安排在淬火热处理之前进行，或安排在淬火热处理之后、次要表面加工之前进行。应该注意的是，经淬火后的部位，不能用一般刀具切削，所以一些沟、槽、小孔等必须在淬火之前加工完成。

### （三）阶梯轴加工工艺分析

1. 确定主要表面加工方法和加工方案

传动轴大多是回转表面，主要是采用车削和外圆磨削。此阶梯轴加工路线设定为"粗车→热处理→半精车→铣槽→精磨"的加工方案。

2. 划分加工阶段

该轴加工划分为三个加工阶段，即粗车（粗车外圆、钻中心孔）、半精车（半精车各处外圆、台肩和修研中心孔等）、粗精磨各处外圆。各加工阶段大致以热处理为界。

3. 选择定位基准

轴类零件的定位基面，最常用的是两中心孔。因为轴类零件各外圆表面、螺纹表面的同轴度及端面对轴线的垂直度是相互位置精度的主要项目，而这些表面的设计基准一般都是轴的中心线，采用两中心孔定位就能符合基准重合原则。而且由于多数工序都采用中心孔做荃定位基面，能最大限度地加工出多个外圆和端面，这也符合基准统一原则。

中心孔在使用中，特别是精密轴类零件加工时，要注意中心孔的研磨。因为两端中心孔（或两端孔口 60° 倒角）的质量好坏，对加工精度影响很大，应尽量做到两端中心孔轴线相互重合，孔的锥角要准确，它与顶尖的接触面积要大，表面粗糙度要小，否则装夹于两顶尖间的轴在加工过程中将因接触刚度的变化而出现圆度误差。因此，保证两端中心孔的质量，是轴加工中的关键之一。

中心孔在使用过程中的磨损及热处理后产生的变形都会影响加工精度。因此，在热处理之后、磨削加工之前，应安排修研中心孔工序，以消除误差。常用的修研方法有用铸铁顶尖、油石或橡胶顶尖、硬质合金顶尖以及用中心孔磨床修研。前两种修研精度高，表面粗糙度小。铸铁顶尖修研适于修正尺寸较大或精度要求特别高的中心孔，但效率低，一般不多采用；硬质合金顶尖修研精度较高，表面粗糙度较小，工具寿命较长，修研效率比油石高，一般轴类零件的中心孔可采用此法修研。成批生产中常用中心孔磨床修磨中心孔，精度和效率都较高。

此外，对于精度和粗糙度要求严的中心孔，可选用硬质合金顶尖修研，再用油石或橡胶砂轮顶尖研磨；也可选用铸铁顶尖与磨床顶尖在机床一次调整中加工出来，然后用这个与磨床顶尖尺寸相同的铸铁顶尖在磨床上来修研工件上的中心孔。这样可以保证工件中心孔与磨床顶尖很好地配合，以提高定位精度。实践证明，中心孔经过这样修磨后，加工出的外圆表面圆度误差、同轴度误差可减小到 0.001 ~ 0.002mm。

4. 热处理工序的安排

该轴需进行调质处理。它应放在粗加工后、半精加工前进行，如采用锻件毛坯，必须首先安排退火或正火处理。该轴毛坯为热轧钢，可不必进行正火处理。

## （四）精密轴类零件加工工艺特点

精密轴件不仅对一些主要表面的精度和表面质量要求很高，而且要求其精度比较稳定。这就要求轴类零件在选材、工艺安排、热处理等方面具有很多特点。

1. 选材

应选性能稳定、热处理变形小的优质合金钢，如 38CrMnALA 等。

2. 主要表面加工工序详细划分

如支承轴颈要经过粗车、精车、粗磨、精磨和终磨等多道工序，其中还穿插一些热处理工序，以减少内应力所引起的变形。

3. 要十分重视中心孔（定位内锥面或大倒角等）的修研

精密轴加工往往需要安排数次研磨中心孔的工序，这样有利于提高加工精度。

4. 安排合理、足够的热处理工序

精密主轴的热处理工艺，除必须安排与一般轴类零件相同的热处理工序以外，特别要注意消除内应力的热处理以及保持工件精度稳定的热处理工艺。

5. 精密轴的螺纹往往要求较高

为了避免损伤螺纹，往往需要对其进行淬火处理，但淬火又会使螺纹变形。所以，精密轴上的螺纹是在外圆柱面淬火后直接由螺纹磨床磨出，淬火前并不加工。精密轴的最终工序往往在精磨以后还要安排光整加工。

# 二、套筒类零件的加工

## （一）概述

1. 套筒类零件的功用与结构特点

套筒类零件是机械中常见的一种零件，它的应用范围很广，主要起支撑和导向作用。由于功用不同，套筒类零件的结构和尺寸有着很大差别，但其结构上仍有共同点：零件的主要表面为同轴度要求较高的内外圆表面；零件壁的厚度较薄且易变形；零件长度一般大于直径等。

2. 套筒类零件的技术要求

（1）尺寸精度

孔是套筒类零件起支承或导向作用的主要表面，通常与运动的轴、刀具或活塞相配合。孔的直径尺寸公差等级一般为 IT7 级，要求较高的轴套可取 IT6 级，要求较低的通常取 IT9 级。外圆是套筒类零件的支承面，常以过盈配合或过渡配合与箱体或机架上的孔相连接。外径尺寸公差等级通常取 IT6 ~ IT7。

（2）形状精度

孔的形状精度应控制在孔径公差以内，一些精密套筒控制在孔径公差的

1/2 ～ 1/3，甚至更严。对于长的套筒，除了圆度要求以外，还应注意孔的圆柱度。为了保证零件的功用和提高其耐磨性，其形状精度控制在外径公差以内。

（3）相互位置精度

当孔的最终加工是将套筒装入箱体或机架后进行时，套筒内外圆间的同轴度要求较低；若最终加工是在装配前完成的，则同轴度要求较高，一般为 $\varphi 0.01 ～ \varphi 0.05 mm$。

套筒的端面（包括凸缘端面）若在工件中承受载荷，或在装配和加工时作为定位基准，则端面与孔轴线垂直度要求较高，一般为 0.01 ～ 0.05mm。

（4）表面粗糙度

孔的表面粗糙度值为 $Ra1.6 ～ 0.16\mu m$，要求较高的精密套筒孔的表面粗糙度值可达 $Ra0.04\mu m$，外圆表面粗糙度值为 $Ra3.2 ～ 0.63\mu m$。

3. 套筒类零件的材料与毛坯

套筒类零件一般用钢、铸铁、青铜或黄铜制成。有些滑动轴承采用双金属结构，以离心铸造法在钢或铸铁内壁上浇注巴氏合金等轴承合金材料，既可节省贵重的有色金属，又能提高轴承的寿命。

套筒零件毛坯的选择与其材料、结构、尺寸及生产批量有关。孔径小的套筒，一般选择热轧或冷拉棒料，也可采用实心铸件；孔径较大的套筒，常选择无缝钢管或带孔的铸件、锻件；大量生产时，可采用冷挤压和粉末冶金等先进的毛坯制造工艺，既能提高生产率又能节省材料。

4. 热处理

套筒类零件热处理工序应放在粗、精加工之间，这样可使热处理变形在精加工得到纠正。套筒类零件一般经热处理后变形较大，因此，精加工的余量应适当加大。

## （二）套筒类零件的加工工艺分析

套类零件由于功用、结构形状、材料、热处理以及加工质量要求的不同，其工艺上差别很大。

1. 轴套件的结构与技术要求

该轴套在中温（300℃）和高速（10000r ～ 15000r/min）下工作，轴套的内圆柱面 A、B 及端面 D 和轴配合，表面 C 及其端面和轴承配合，轴套内腔及端面 D 上的八个槽是冷却空气的通道，八个 $\varphi 10$ 的孔用以通过螺钉和轴连接。

轴套从构形来看，各个表面并不复杂，但从零件的整体结构来看，则是一个刚度很低的薄壁件，最小壁厚为 2mm。

从精度方面来看，主要工作表面的精度为 IT5 ～ IT8，C 的圆柱度为 0.005mm，工作表面的粗糙度为 $Ra0.63\mu m$，非配合表面的粗糙度为 $Ra1.25\mu m$（在高转速下工作，为提高抗疲劳强度）。位置精度，如平行度、垂直度、圆跳动等，均在 0.01 ～ 0.02mm

范围内。

该轴套的制料为高合金钢 40CrNiMoA，要求淬火后回火，保持硬度为 285 ~ 321HBS，最后要进行表面氧化处理。

2.轴套加工工艺分析

该轴套是一个薄壁件，刚性很差。同时，主要表面精度高，加工余量较大。因此，轴套在加工时需划分成三个阶段加工，以保证低刚度时的高精度要求。工序 5 ~ 15 是粗加工阶段，工序 30 ~ 55 是半精加工阶段，工序 60 以后是精加工阶段。

毛坯采用模锻件，因内孔直径不大，不能锻出通孔，所以余量较大。

（1）工序 5、10、15

这三个工序组成粗加工阶段。工序 5 采用大外圆及其端面作为粗基准。因为大外圆的外径较大，易于传递较大的扭矩，而且其他外圆的取模斜度较大，不便于夹紧。工序 5 主要是加工外圆，为下一工序准备好定位基准，同时切除内孔的大部分余量。

工序 10 是加工大外圆及其端向，并加工大端内腔。这一工序的目的是切除余量，同时也为下一工序准备定位基准。

工序 15 是加工外圆表面，用工序 10 加工好的大外圆及其端向做定位基准，切除外圆表面的大部分余量。

粗加工采用三个工序，用互为基准的方法，使加工时的余量均匀，并使加工后的表面位置比较准确，从而使以后工序的加工得以顺利进行。

（2）工序 20、25

工序 20 是中间检验。因下一工序为热处理工序，需要转换车间，所以一般应安排一个中间检验工序。工序 25 是热处理。因为零件的硬度要求不高（285 ~ 321HBS），所以安排在粗加工阶段之后进行，对半精加工不会带来困难。同时，有利于消除粗加工时产生的内应力。

（3）工序 30、35、40

工序 30 的主要目的是修复基准。因为热处理后有变形，原来基准的精度遭到破坏。同时半精加工的要求较高，也有必要提高定位基准的精度。所以应把大外圆及其端面加工准确。另外，在工序 30 中，还安排了内腔表面的加工，这是因为工件的刚性较差，粗加工后余量留得较多，所以在这里再加工一次，为后续精加工做好余量方面的准备。

工序 35 是用修复后的基准定位，进行外圆表面的半精加工，并完成外锥面的最终加工。其他面留有余量，为精加工做准备。

工序 40 是磨削工序，其主要任务是建立辅助基准，提高 $\varphi 112$ 外圆精度，为以后工序做定位基准用。

（4）工序 45、50、55

这三个工序是继续进行半精加工，定位基准均采用 $\varphi 112$ 外圆及其端面。这是用统一基准的方法保让小孔和槽的相互位置精度。为了避免在半精加工时产生过大的夹紧变形，这三个工序采用 D 面作轴间压紧。

这三个工序在顺序安排上，钻孔应在铣槽以前进行，因为在保证孔和槽的角向位置时，用孔作角向定位比较合适。半精镗内腔也应在铣槽以前行，其原因是在镗孔口时避免断续切削而改善加工条件，至于钻孔和镗内腔表面这两个工序的顺序，相互间没有多大影响，可任意安排。

在工序 50 和 55 中，由于工序要求的位置精度不高，所以虽然有定位误差存在，但只要在工序 40 中规定一定的加工精度，就可将定位误差控制在一定范围内，这样，位置精度就不会产生很大的问题。

（5）工序 60、65

这两个工序是精加工工序。对于外圆和内孔的精加工工序，常采用"先孔后外圆"的加工顺序，因为孔定位所用的夹具比较简单。

在工序 60 中，用 $\varphi112$ 外圆及其端面定位，用 $\varphi112$ 外圆夹紧。为了减小夹紧变形，故采用均匀夹紧的方法，在工序中对 A、B 和 D 面采用一次安装加工，其目的是保证垂直度和同轴度。

在工序 65 中加工外圆表面时，采用 A、B 和 D 面定位，由于 A、B 和 D 面是在工序 60 中一次安装加工的，相互位置比较准确，所以为了保证定位的稳定可靠，采用这一组表面作为定位基准。

（6）工序 70、75、80

工序 70 为磁力探伤，主要是检验磨削的表面裂纹，一般安排在机械加工之后进行。工序 75 为终检，检验工件是否符合精度和其他有关要求。检验合格后的工件，最后进行表面保护处理（工序 80，氧化）。

由以上分析可知，影响工序内容、数目和顺序的因素很多，而且这些因素之间彼此有联系。在制定零件加工工艺时，要进行综合分析。另外，不同零件的加工过程都有其各自的特点，主要的工艺问题也各不相同，因此要特别注意关键工艺问题的分析。如套类零件，主要是薄壁件，精度要求高，所以要特别注意变形对加工精度的影响。

# 三、箱体零件的加工

## （一）概述

### 1. 箱体类零件的功用和结构特点

箱体是机器的基础零件，它将机器和部件中的轴、齿轮等有关零件连接成一个整体，并保持正确的相互位置，以传递转矩或改变转速来完成规定的运动。因此，箱体的加工质量直接影响机器的工作精度、使用性能和寿命。

2.箱体类零件的材料与毛坯

箱体类零件的常用材料大多为普通灰铸铁，其牌号可根据需要选用 HT150～HT350，用得较多的是 HT200。灰铸铁的铸造性和可加工性好，价格低廉，具有较好的吸振性和耐磨性。在特别需要减轻箱体质量的场合可采用非铁金属合金，如航空发动机箱体常用镁铝合金等非铁轻金属制造。在单件小批量生产中，为缩短生产周期，有些箱体也可用钢板焊接而成。

单件小批量生产铸铁箱体常用木模手工砂型铸造，毛坯精度低，加工余量大；大批量生产中大多用金属型机器造型铸造，毛坯精度高，加工余量小。铸铁箱体毛坯上直径大于 $\varphi 50mm$ 的孔大都预先铸出，以减少加工余量。

### （二）箱体类零件加工工艺分析

1.箱体类零件的主要技术要求

箱体铸件对毛坯铸造质量要求较严格，不允许有气孔、砂眼、疏松、裂纹等铸造缺陷。为了便于切削加工，多数铸铁箱体需要经过退火处理以降低表面硬度，为确保使用过程中不变形，重要箱体往往用较长时间以释放内应力。对箱体重要加工面的主要要求为：

（1）主要平面的形状精度和表面粗糙度

箱体的主要平面是装配基准，并且往往是加工时的定位基准，所以应有较高的平面度和较小的表面粗糙度；否则，将直接影响箱体加工时的定位精度，影响箱体与机座总装时的接触刚度和相互位置精度。

（2）孔的尺寸精度、几何形状精度和表面粗糙度

箱体上轴承孔本身的尺寸精度、形状精度和表面粗糙度都要求较高，否则，将影响轴承与箱孔的配合精度，使轴的回转精度下降，也易使传动件（如齿轮）产生振动和噪声。一般机床主轴箱的主轴支承孔的尺寸公差等级为 IT6，圆度、圆柱度公差不超过孔径公差的一半，表面粗糙度值 Ra 为 0.63～0.32μm。其余支承孔尺寸公差等级为 IT6～IT7，表面粗糙度值 Ra 为 2.5～0.63μm。

（3）主要孔和平面的相互位置精度

同轴线的孔应有一定的同轴度要求，各支承孔之间也应有一定的孔距尺寸精度及平行度要求，否则，不仅装配有困难，而且使轴的运转情况恶化，温度升高，轴承磨损加剧，齿轮啮合精度下降，易引起振动和噪声，影响齿轮寿命。支承孔之间的孔距公差为 0.05～0.12mm，平行度公差应小于孔距公差，一般在全长上取 0.04～0.1mm。

2.箱体的加工工艺分析

（1）基准的选择

基准的选择包括精基准的选择和粗基准的选择。

1）精基准的选择

箱体的装配基准和测量基准大多数都是平面，所以，箱体加工中一般以平面作为精基准。在不同工序多次安装加工其他各表面，有利于保证各表面的相互位置精度，夹具设计工作量也可减少。此外，平面的面积大，定位稳定可靠且误差较小。在加工孔时，一般箱口朝上，便于更换导向套、安装调整刀具、测量孔径尺寸、观察加工情况等。因此，这种定位方式在成批生产中得到广泛应用。

但是，当箱体内部隔板上也有精度要求较高的孔需要加工时，为保证孔的加工精度，在箱体内部相应的位置需设置镗杆导向支承。由于箱体底部是封闭的，因此，中间支承只能从箱体顶面的开口处伸入箱体内，每加工一件，吊模就装卸一次。这种悬架式吊模刚度差、安装误差大，影响箱体孔系加工精度；并且装卸吊模的时间长，也影响生产率的提高。

为了提高生产率，在大批大量生产时，主轴箱以顶面和两定位销孔为精基准，中间导向支架可直接固定在夹具体上，这样可解决加工精度低和辅助时间长的问题。但是这种定位方式产生了基准不重合误差，为了保证加工精度，必须提高作为定位基准的箱体顶面和两定位销孔的加工精度，这样就增加了箱体加工的工作量。这种定位方式在加工过程中无法观察加工情况、测量孔径和调整刀具，因而要求采用定值刀具直接保证孔的尺寸精度。

2）粗基准的选择

选择粗基准时，应该满足：在保证各加工面均有余量的前提下，应使重要孔的加工余量均匀，孔壁的厚薄量均匀，其余部位均有适当的壁厚；保证装入箱体内的旋转零件（如齿轮、轴套等）与箱体内壁间有足够的间隙，以免互相摩擦。

在大批量生产时，毛坯精度较高，通常选用箱体重要孔的毛坯孔做粗基准。对于精度较低的毛坯，按上述办法选择粗基准往往会造成箱体外形偏斜，甚至局部加工余量不够，因此，在单件、小批量及中批量生产时，一般毛坯精度较低，通常采用划线找正的办法进行第一道工序的加工。

（2）工艺路线的拟订

1）主要表面加工方法的选择

箱体的主要加工表面有平面和支承孔。对于中、小件，主要平面的加工一般在牛头刨床或普通铣床上进行；对于大件，主要平面的加工一般在龙门刨床或龙门铣床上进行。刨削的刀具结构简单，机床成本低，调整方便，但生产率低；在大批大量生产时，多采用铣削。精度要求较高的箱体刨或铣后，还需要刮研或以精刨、磨削代替。在大批大量生产时，为了提高生产率和平面间相互位置精度，可采用多轴组合铣削与组合磨削机床。

箱体支承孔在加工时，对于直径小于 $\varphi 30mm$ 的孔一般不铸出，可采用钻一扩（或半精镗）—铰（或精镗）的方案。对于已铸出的孔，可采用粗镗—半精镗（用浮动镗刀片）的方案。由于主轴承孔精度和表面质量要求比其余孔高，所以，在精镗后，还用浮动镗刀进行精细镗。对于箱体上的高精度孔，最后精加工工序也可以采用珩磨、滚压等工艺方法。

2）加工顺序安排的原则

先面后孔的原则：箱体主要是由平面和孔组成的，这也是它的主要表面。先加工平面，后加工孔，是箱体加工的一般规律。因为主要平面是箱体在机器上的装配基准，先加工主要平面后加工支承孔，使定位基准与设计基准和装配基准重合，从而消除因基准不重合而引起的误差。

粗、精加工分开的原则：对于刚性差、批量较大、要求精度较高的箱体，一般要粗、精加工分开进行，即在主要平面和各支承孔的粗加工之后再进行主要平面和各支承孔的精加工。这样可以消除由粗加工所造成的内应力、切削力、切削热、夹紧力对加工精度的影响，并且有利于合理地选用设备等。

粗、精加工分开进行，会使机床、夹具的数量及工件安装次数增加，所以对单件小批量生产、精度要求不高的箱体，常常将粗、精加工合并在一道工序进行，但必须采取相应措施，以减少加工过程中的变形。例如粗加工后松开工件，让工件充分冷却，然后用较小的夹紧力、以较小的切削用量多次走刀进行精加工。

热处理的安排：箱体结构复杂、壁厚不均匀、铸造内应力较大，为了消除内应力，减少变形，保持精度的稳定性，在毛坯铸造之后，一般安排一次人工时效处理。

对于精度要求高、刚性差的箱体，在粗加工之后再进行一次人工时效处理，有时甚至在半精加工之后还要安排一次时效处理，以便消除残余的铸造内应力和切削加工时产生的内应力。对于特别精密的箱体，在机械加工过程中还需安排较长时间的自然时效（如坐标镗床主轴箱箱体）。

3. 箱体的加工工艺过程

与加工整体式箱体的工艺路线比较，分离式箱体的整个加工过程明显分为两个阶段：第一个阶段主要完成底座和箱盖接合平面、连接孔等的粗、精加工，为两者的组合加工做准备；第二个阶段主要完成底座和箱盖结合体上共有轴承孔及相关表面的粗、精加工。在两个加工阶段之间，应安排钳工工序，将箱盖和底座装配成一个整体，按图样规定加工定位销孔并配销定位，使其保持确定的相互位置。这样的安排既符合先面后孔的原则，又使粗、精加工分开进行，能较好地保证分离式减速器箱体轴承孔的几何精度及中心尺寸等达到图样要求。

# 四、圆柱齿轮的加工

## （一）概述

齿轮传动在现代机器和仪器中应用极广，其功用是按规定的速比传递运动和动力。

齿轮结构由于使用要求不同而具有不同的形状，但从工艺角度可将其看成是由齿圈和轮体两部分构成的。按照齿圈上轮齿的分布形式，齿轮可分为直齿、斜齿和人字齿轮等；按照轮体的结构形式特点，齿轮可大致分为盘形齿轮、套筒齿轮、轴齿轮和齿条等。

在各种齿轮中盘形齿轮应用最广。其特点是内孔多为精度要求较高的圆柱孔或花键孔，轮缘具有一个或几个齿圈。单齿圈齿轮的结构工艺性最好，可采用任何一种齿形加工方法加工。对多齿圈齿轮（多联齿轮），当各齿圈轴向尺寸较小时，除最大齿圈外，其余较小齿圈齿形的加工方法通常只能选择插齿。

1.圆柱齿轮的功用与结构特点

齿轮是机械传动中应用最广泛的零件之一，它的功用是按规定的速比传递运动和动力。圆柱齿轮因使用要求不同而有不同的形状，可以将它们看成是由轮齿和轮体两部分构成的。按照轮齿的形式，齿轮可分为直齿、斜齿和人字齿等；按照轮体的结构，齿轮可大致分为盘形齿轮、套类齿轮、轴类齿轮、内齿轮、扇形齿轮和齿条等。

2.圆柱齿轮的材料及毛坯

齿轮的材料种类很多。对于低速、轻载或中载的一些不重要的齿轮，常用45号钢制作，经正火或调质处理后，可改善金相组织和可加工性，一般对齿面进行表面淬火处理；对于速度较高、受力较大或精度较高的齿轮，常采用20Cr、40Cr，20CrMnTi等合金钢。其中40Cr晶粒细，淬火变形小。20CrMnTi采用渗碳淬火后，齿面硬度较高，心部韧性较好和抗弯性较强。38CrMoAl经渗氮后，具有高的耐磨性和耐腐蚀性，用于制造高速齿轮。铸铁和非金属材料可用于制造轻载齿轮。

齿轮毛坯的形式主要有棒料、锻件和铸件。棒料用于小尺寸、结构简单且强度要求较低的齿轮。锻造毛坯用于强度要求较高、耐磨、耐冲击的齿轮。直径大于400mm的齿轮常用铸造毛坯。

## （二）齿轮加工工艺分析

1.齿轮加工的一般工艺路线

根据齿轮的使用性能和工作条件以及结构特点，对于精度要求较高的齿轮，其工艺路线大致为备料→毛坯制造→毛坯热处理→齿坯加工→齿形加工→齿端加工→齿轮热处理→精基准修正→齿形精加工→终检。

2.齿轮加工工艺过程分析

齿轮及齿轮副的功用是按规定速比传递运动和动力。为此，它必须满足以下三个方面的性能要求：传递运动的准确性、平稳性以及载荷分布的均匀性。这就要求控制分齿的均匀性、渐开线的准确度、轮齿方向的准确度以及其他有关因素。除此以外，齿轮副在非啮合侧应有一定的间隙。因此，如何保证这些精度要求，成为齿轮加工中的主要问题，加工则成为齿轮生产的关键。这些问题不但与齿圈本身的精度有关，而且齿坯的加工质量对保证齿圈的加工精度也很重要。下面就齿轮加工的工艺特点和应注意问题加以对论。

（1）定位基准的选择

齿轮齿形加工时，定位基准的选择主要遵循基准重合和自为基准原则。为了保证齿形加工质量，应选择齿轮的装配基准和测量基准作为定位基准，而且尽可能在整个加工过程中保持基准的统一。

对于带孔齿轮，一般选择内孔和一个端面定位，基准端面相对内孔的端面圆跳动应符合标准规定。当批量较小不采用专用心轴以内孔定位时，也可选择外圆作找正基准。但外圆相对内孔的径向跳动应有严格的要求。

对于直径较小的轴齿轮，一般选择顶尖孔定位，对于直径或模数较大的轴齿轮，由于自重和切削力较大，不宜选择顶尖孔定位，而多选择轴颈和端面跳动较小的端面定位。

定位基准的精度对齿轮的加工精度有较大影响，特别是对齿圈径向跳动和齿向精度影响很大。因此，严格控制齿坯的加工误差，提高定位基准的加工精度，对于提高齿轮加工精度有明显的效果。

（2）齿坯加工

在齿形加工前，要切除大量多余金属，加工出齿形加工时的定位基准和测量基准。因此，必须保证齿坯的加工质量。齿坯加工方法主要取决于齿轮的轮体结构、技术要求和生产批量，下面主要讨论盘形齿坯的加工问题。

1）大批大量生产时的齿坯加工

在大批大量生产中，齿坯常在高效率机床（如拉床、单轴、多轴半自动车床，数控机床等）组成的流水线上或自动线上加工。

对于直径较大、宽度较小、结构比较复杂的齿坯，加工出定位基准后，可选用立式多轴半自动车床加工外形。

对于直径较小、毛坯为棒料的齿坯，可在卧式多轴自动车床上，将齿坯的内孔和外形在一道工序中全部加工出来。也可以先在单轴自动车床上粗加工齿坯的内孔和外形，然后拉内孔或花键，最后装在心轴上，在多刀半自动车床上精车外形。

2）中小批生产的齿坯加工

中小批生产时，齿坯加工方案较多，需要考虑设备条件和工艺习惯。

对于一般具有圆柱形内孔的齿坯，内孔的精加工不一定采用拉削，可根据孔径大小采用铰孔或镗孔。外圆和基准端面的精加工，应以内孔定位装夹在心轴上进行精车或磨削。对于直径较大、宽度较小的齿坯，可在车床上通过两次装夹完成，但必须将内孔和基准端面的精加工在次装夹下完成。

（3）齿轮的热处理

1）齿坯热处理

在齿坯粗加工前后常安排预先热处理，其主要目的是改善材料的加工性能，减少锻造引起的内应力，为以后淬火时减少变形做好组织准备。齿坯的热处理有正火和调质。经过正火的齿轮，淬火后变形虽然较调质齿轮大些，但加工性能较好，拉孔和切齿工序中刀具磨损较慢，加工表面粗糙度值较小，因而生产中应用最多。齿坯、正火一般都安排在粗加工之前，调质则多安排在粗加工之后。

2）轮齿的热处理

齿轮的齿形切出后，为提高齿面的硬度和耐磨性，根据材料与技术要求的不同，常安排渗碳淬火或表面淬火等热处理工序。经渗碳淬火的齿轮，齿面硬度高，耐磨性好，使用寿命长但齿轮变形较大，对于精密齿轮往往还需要磨齿。表面淬火常采用高频淬火，对于模数小的齿轮，齿部可以淬透，效果较好。当模数稍大时，分度圆以下淬不硬，硬化层分布不合理，力学性能差，齿轮寿命低。因此，对于模数 $m=3 \sim 6mm$ 的齿轮，宜采用超音频感应淬火；对模数更大的齿轮，宜采用单齿沿齿沟中频感应淬火。表面淬火齿轮的轮齿变形较小，但内孔直径一般会缩小 $0.01 \sim 0.05mm$（薄壁零件内孔略有胀大），淬火后应予以修正。

# 第五节　机械制造自动化

制造自动化技术是现代制造技术的重要组成部分，也是人类在长期的社会生产实践中不断追求的主要目标之一。随着科学技术的不断进步，自动化制造的水平也愈来愈高。采用自动化技术，不仅可以大大降低劳动强度，而且还可以提高产品质量，改善制造系统，适应市场变化的能力，从而提高企业的市场竞争能力。

制造自动化是在制造的所有环节采用自动化技术，实现制造全过程的自动化。制造自动化的任务就是研究如何实现制造过程的自动化规划、管理、组织、控制、协调与优化，以达到产品及其制造过程高效、优质、低耗、洁净的目标。制造自动化是当今制造科学与制造工程领域中涉及面广、研究十分活跃的方向。

# 一、机械制造自动化的基本概念

## （一）机械化与自动化

人在生产中的劳动，包括基本的体力劳动、辅助的体力劳动和脑力劳动三个部分。基本的体力劳动是指直接改变生产对象的形态、性能和位置等方面的体力劳动。辅助的体力劳动是指完成基本体力劳动所必须做的其他辅助工作，如检验、装夹工件、操纵机器的手柄等体力劳动。脑力劳动是指决定加工方法、工作顺序，判断加工是否符合图纸技术要求，选择切削用量以及设计和技术管理工作等。

由机械及其驱动装置来完成人用双手和体力所担任的繁重的基本劳动的过程，称为机械化。例如：动走刀代替手动走刀，称为走刀机械化；车子运输代替肩挑背扛，称为运输自动化。由人和机器构成的有机集合体就是一个机械化生产的人机系统。

人的基本劳动由机器代替的同时，人对机器的操纵、工件的装卸和检验等辅助劳动也被机器代替，并由自动控制系统或计算机代替人的部分脑力劳动的过程，称为自动化。在人的基本劳动实现机械化的同时，辅助劳动也实现了机械化，再加自动控制系统所构成的有机集合体，就是一个自动化生产系统。只有实现自动化，人才能够不受机器的束缚，而机器的生产速度和产品质量的提高也不受工人精力、体力的限制。因此，自动化生产是人类的理想方式，是生产率不断提高的有效途径。

在一个工序中，如果所有的基本动作都机械化了，并且使若干个辅助动作也自动化起来，工人所要做的工作只是对这一工序进行总的操纵与监督，就称为工序自动化。

一个工艺过程（如加工工艺过程）通常包括若干个工序，如果每一个工序都实现了工序自动化，并且把若干个工序有机地联系起来，则整个工艺过程（包括加工、工序间的检测和输送）都自动进行，而操作者仅对这一整个工艺过程进行总的操纵和监控，这样就形成了某一种加工工艺的自动生产线，这一过程通常称为工艺过程自动化。

一个零部件（或产品）的制造包括若干个工艺过程，如果每个工艺过程不仅都自动化了，而且它们之间是自动地、有机地联系在一起的，也就是说从原材料到最终产品的全过程都不需要人工干预，这就形成了制造过程自动化。机械制造自动化的高级阶段就是自动化车间，甚至是自动化工厂。

## （二）制造与制造系统

制造是人类所有经济活动的基石，是人类历史发展和文明进步的动力。制造是人类按照市场需求，运用自身所掌握的知识和技能，借助手工或利用客观物质工具，采用有效的工艺方法和必要的能源，将原材料转化为最终物质产品并投放市场的全过程。制造也可以理解为制造企业的生产活动，即制造也是一个输入输出系统，其输入的是生产要素，输出的是具有使用价值的产品。制造的概念有广义和狭义之分，狭义的制造是指生产车间与物流有关的加工和装配过程，相应的系统称为狭义制造系统；广义的制造则包括市场分析、经营决策、工程设计、加工装配、质量控制、生产过程管理、销售运输、售后服务直至产品报废处理等整个产品生命周期内一系列相关联的生产活动，相应的制造系统称为广义制造系统。在当今信息时代，广义制造的概念已被越来越多的人接受。

国际生产工程学会将制造定义为：制造是一个涉及制造工业中产品设计、物料选择、生产计划、生产过程、质量保证、经营管理、市场销售和服务的一系列相关工作的总称。

### （三）自动化制造系统

广义地讲，自动化制造系统是由一定范围的被加工对象、一定的制造柔性和一定的自动化水平的各种设备和高素质的人组成的一个有机整体，它接受外部信息、能源、资金、配套件和原材料等作为输入，在人和计算机控制系统的共同作用下，实现一定程度的柔性自动化制造，最后输出产品、文档资料和废料等。

可以看出，自动化制造系统具有五个典型组成部分。

1.具有一定技术水平和决策能力的人

现代自动化制造系统是充分发挥人的作用、人机一体化的柔性自动化制造系统，因此，系统的良好运行离不开人的参与。对于自动化程度较高的制造系统，如柔性制造系统，人的作用主要体现在对物料的准备和对信息流的监视和控制上，而且还体现在要更多地参与物流过程中。总之，自动化制造系统对人的要求不是降低了，而是提高了，它需要具有一定技术水平和决策能力的人参与。目前流行的小组化工作方式不仅要求"全能"的操作者，还要求他们之间有良好的合作关系。

2.一定范围的被加工对象

现代自动化制造系统能在一定范围内适应加工对象的变化，变化范围一般是在系统设计时就设定了的。现代自动化制造系统加工对象的划分一般是基于成组技术原理的。

3.信息流及其控制系统

自动化制造系统的信息流控制着物流过程，也控制产品的制造质量。系统的自动化程度、柔性程度以及与其他系统的集成程度都与信息流控制系统密切相关，应特别注意提高它的控制水平。

4.能量流及其控制系统

能量流为物流过程提供能量，以维持系统的运行。在供给系统的能量中，一部分能量用来维持系统运行，做了有用功；另一部分能量则以摩擦和传送过程的损耗等形式消耗掉，并对系统产生各种有害效果。在制造系统设计过程中，要格外注意能量流系统的设计，以优化利用能源。

5.物料流及物料处理系统

物料流及物料处理系统是自动化制造系统的主要运作形式，该系统在人的帮助下或自动地将原材料转化成最终产品。一般讲，物料流及物料处理系统包括各种自动化或非自动化的物料储运设备、工具储运设备、加工设备、检测设备、清洗设备、热处理设备、装配设备、控制装置和其他辅助设备等。各种物流设备的选择、布局及设计是自动化制造系统规划的重要内容。

## 二、机械制造自动化的内容和意义

### （一）制造自动化的内涵

制造自动化就是在广义制造过程的所有环节采用自动化技术，实现制造全过程的自动化。

制造自动化的概念是一个动态发展概念。在"狭义制造"概念下，制造自动化的含义是生产车间内产品的机械加工和装配检验过程的自动化，包括切削加工自动化、工件装卸自动化、工件储运自动化、零件和产品清洗及检验自动化、断屑与排屑自动化、装配自动化、机器故障诊断自动化等。而在"广义制造"概念下，制造自动化则包含了产品设计自动化、企业管理自动化、加工过程自动化和质量控制自动化等产品制造全过程以及各个环节综合集成自动化，以便产品制造过程实现高效、优质、低耗、及时和洁净的目标。

制造自动化促使制造业逐渐由劳动密集型产业向技术密集型和知识密集型产业转变。制造自动化技术是制造业发展的重要标志，代表着先进的制造技术水平，也体现了一个国家科技水平的高低。

### （二）机械制造自动化的主要内容

如前文所述，机械制造自动化包括狭义的机械制造过程和广义的机械制造过程。本书主要讲述的是机械加工过程以及与此关系紧密的物料储运、质量控制、装配等过程的狭义制造过程。因此，机械制造过程中主要有以下自动化技术。

1.机械加工自动化技术

机械加工自动化技术包括上下料自动化技术、装卡自动化技术、换刀自动化技术和零件检测自动化技术等。

2.物料储运过程自动化技术

物料储运过程自动化技术包含工件储运自动化技术、刀具储运自动化技术和其他物料储运自动化技术等。

3.装配自动化技术

装配自动化技术包含零部件供应自动化技术和装配过程自动化技术等。

4.质量控制自动化技术

质量控制自动化技术包含零件检测自动化技术，产品检测自动化和刀具检测自动化技术等。

## （三）机械制造自动化的意义

### 1.提高生产率

制造系统的生产率表示在一定的时间范围内系统生产总量的大小，而系统的生产总量是与单位产品制造所花费的时间密切相关的。采用自动化技术后，不仅可以缩短直接的加工制造时间，更可以大幅度缩短产品制造过程中的各种辅助时间，从而使生产率得以提高。

### 2.缩短生产周期

现代制造系统所面对的产品特点是：品种不断增多，而批量在不断减小。据统计，在机械制造企业中，单件、小批量的生产占85%左右，而大批量生产仅占15%左右。单件、小批量生产占主导地位的现象目前还在继续发展，因此可以说，传统意义上的大批量生产正在向多品种、小批量生产模式转换。据统计，在多品种、小批量生产中，被加工零件在车间的总时间的95%被用于搬运、存放和等待加工中，在机床上的加工时间仅占5%。而在这5%的时间中，仅有1.5%的时间用于切削加工，其余3.5%的时间又消耗于定位、装夹和测量的辅助动作上。采用自动化技术的主要效益在于可以有效缩短零件98.5%的无效时间，从而有效缩短生产周期。

### 3.提高产品质量

在自动化制造系统中，由于广泛采用各种高精度的加工设备和自动检测设备，减少了工人因情绪波动给产品质量带来的不利影响，因而可以有效提高产品的质量。

### 4.提高经济效益

采用自动化制造技术，可以减少生产面积，减少直接生产工人的数量，减少废品率，因而就减少了对系统的投入。由于提高了劳动生产率，系统的产出得以增加。投入和产出之比的变化表明，采用自动化制造系统可以有效提高经济效益。

### 5.降低劳动强度

采用自动化技术后，机器可以完成绝大部分笨重、艰苦、繁琐甚至对人体有害的工作，从而降低工人的劳动强度。

### 6.有利于产品更新

现代柔性自动化制造技术使得变更制造对象非常容易，适应的范围也较广，十分有利于产品的更新，因而特别在适合多品种、小批量生产。

### 7.提高劳动者的素质

现代柔性自动化制造技术要求操作者具有较高的业务素质和严谨的工作态度，在无形中就提高了劳动者的素质。特别是在采用小组化工作方式的制造系统中，对人的素质要求更高。

8.带动相关技术的发展

实现制造自动化可以带动自动检测技术、自动化控制技术、产品设计与制造技术、系统工程技术等相关技术的发展。

9.体现一个国家的科技水平

自动化技术的发展与国家的整体科技水平有很大关系。例如，1870年以来，各种新的自动化制造技术和设备基本上都首先出现在美国，这与美国高度发达的科技水平密切相关。

总之，采用自动化制造技术可以大大提高企业的市场竞争能力。

## 三、机械制造自动化的途径

产品对象（包括产品的结构、材质、重量、性能、质量等）决定着自动装置和自动化方案的内容；生产纲领的大小影响着自动化方案的完善程度、性能和效果；产品零件决定着自动化的复杂程度；设备投资和人员构成决定着自动化的水平。因此，要根据不同情况，采用不同的加工方法。

### （一）单件、小批量生产机械化及自动化的途径

据统计，在机械产品的数量中，单件生产占30%，小批量生产占50%。因此，解决单件、小批量生产的自动化有非常意义。而在单件、小批量生产中，往往辅助工时所占的比例较大，因此仅从采用先进的工艺方法来缩短加工时间并不能有效提高生产率。在这种情况下，只有使机械加工循环中各个单元动作及循环外的辅助工作实现机械化、自动化，来同时减少加工时间和辅助时间，才能达到有效提高生产率的目的。因此，采用简易自动化使局部工步、工序自动化，是实现单件小批量生产的自动化的有效途径。

具体方法如下：（1）采用机械化、自动化装置，来实现零件的装卸、定位、夹紧机械化和自动化；（2）实现工作地点的小型机械化和自动化，如采用自动滚道、运输机械、电动及气动工具等装置来减少时间，同时也可降低劳动强度；（3）改装或设计通用的自动机床，实现操作自动化，来完成零件加工的个别单元的动作或整个加工循环的自动化，以便提高劳动生产率和改善劳动条件。

对改装或设计的通用自动化机床，必须满足使用经济、调整方便省时、改装方便迅速以及自动化装置能保持机床万能性能等基本要求。

### （二）中等批量生产的自动化途径

成批和中等批量生产的批量虽比较大，但产品品种并不单一。随着社会上对品种

更新的需求，要求成批和中等批量生产的自动化系统仍应具备一定的可变性，以适应产品和工艺的变换。从各国发展情况看，有以下发展趋势。

第一，建立可变自动化生产线，在成组技术基础上实现"成批流水作业生产"。应用 PLC 或计算机控制的数控机床和可控主轴箱、可换刀库的组合机床，建立可变的自动线。在这种可变的自动化生产线上，可以加工和装夹几种零件，这既保持了自动化生产线的高生产率特点，又扩大了其工艺适应性。

对可变自动化生产线的要求如下。

（1）所加工的同批零件具有结构上的相似性。（2）设置"随行夹具"，解决同一机床上能装夹不同结构工件的自动化问题。这时，每一夹具的定位、夹紧是根据工件设计的。而各种夹具在机床上的连接则有相同的统一基面和固定方法。加工时，夹具连同工件一块移动，直到加工完毕，再退回原位。（3）自动线上各台机床具有相应的自动换刀库，可以使加工中的换刀和调整实现自动化。（4）对于生产批量大的自动化生产线，要求所设计的高生产率自动化设备对同类型零件具有一定的工艺适应性，以便在产品变更时能够迅速调整。

第二，采用具有一定通用性的标准化的数控设备。对于单个的加工工序，力求设计时采用机床及刀具能迅速调整的数控机床及加工中心。

第三，设计制造各种可以组合的模块化典型部件，采用可调的组合机床及可调的环形自动线。

对于箱体类零件的平面及孔加工工序，则可设计或采用具有自动换刀的数控机床或可自动更换主轴箱，并带自动换刀库、自动夹具库和工件库的数控机床。这些机床都能够迅速改变加工工序内容，既可单独使用，又便于组成自动线。在设计、制造和使用各种自动的多能机床时，应该在机床上装设各种可调的自动装料、自动卸料装置、机械手和存储、传送系统，并应逐步采用计算机来控制，以便实现机床的调整"快速化"和自动化，尽量减少重调整时间。

### （三）大批量生产的自动化途径

目前，实现大批量生产的自动化已经比较成熟，主要有以下几种途径。

1. 广泛地建立适于大批量生产的自动线

国内外的自动化生产线生产经验表明：自动化生产线具有很高的生产率和良好的技术经济效果。目前，大量生产的工厂已经普遍采用了组合机床自动线和专用机床自动线。

2. 建立自动化工厂或自动化车间

大批量生产的产品品种单一、结构稳定、产量很大，具有连续流水作业和综合机械化的良好条件。因此，在自动化的基础上按先进的工艺方案建立综合自动化车间和全盘自动化工厂，是大批量生产的发展方向，目前正向着集成化的机械制造自动化系统的方向发展。整个系统建立在系统工程学的基础上，应用电子计算机、机器人及综合自动化生产线所建成的大型自动化制造系统，能够实现从原材料经过热加工、机械加工、装配、检验到包装的物流自动化，而且也实现了生产的经营管理、技术管理等信息流的自动化和能量流的自动化。因此，常把这种大型的自动化制造系统称为全盘自动化系统。但是全盘自动化系统还需进一步解决许多复杂的工艺问题、管理问题和自动化的技术问题。除了在理论上需要继续加以研究外，还需要建立典型的自动化车间、自动化工厂来深入进行实验，从中探索全盘自动化生产的规律，使之不断完善。

3. 建立"可变的短自动线"及"复合加工"单元

采用可调的短自动线——只包含 2~4 个工序的一小串加工机床建立的自动线，短小灵活，有利于解决大批量生产的自动化生产线存在的问题。

4. 改装和更新现有老式设备，提高它们的自动化程度

把大批量生产中现有的老式设备改装或更新成专用的高效自动机，最低限度也应该是半自动机床。进行改装的方法是：安装各种机械的、电气的、液压的或气动的自动循环刀架，如程序控制刀架、转塔刀架和多刀刀架；安装各种机械化、自动化的工作台，如各种各样的机械式、气动、液压或电动的自动工作台模块；安装各种自动送料、自动夹紧、自动换刀的刀库，自动检验、自动调节加工参数的装置，自动输送装置和工业机器人等自动化的装置，来提高大量生产中各种旧有设备的自动化程度。沿着这样的途径也能有效地提高生产率，为工艺过程自动化创造条件。

## 四、机械制造自动化的构成

### （一）机械制造自动化系统的构成

从系统观点来看，一般的机械制造自动化系统主要由以下四个部分构成。

1. 加工系统

加工系统即能完成工件的切削加工、排屑、清洗和测量的自动化设备与装置。

2. 工件支撑系统

工件支撑系统即能完成工件输送、搬运以及存储功能的工件供给装置。

3. 刀具支撑系统

刀具支撑系统即包括刀具的装配、输送、交换和存储装置以及刀具的预调和管理系统。

4. 控制与管理系统

控制与管理系统即对制造过程进行监控、检测、协调与管理的系统。

## （二）机械制造自动化系统的分类

对机械制造自动化的分类目前还没有统一的方式。综合国内外各种资料，大致可按下面几种方式来进行分类。

1. 按制造过程分

按制造过程分分为毛坯制备过程自动化、热处理过程自动化、储运过程自动化、机械加工过程自动化、装配过程自动化、辅助过程自动化、质量检测过程自动化和系统控制过程自动化。

2. 按设备分

按设备分为局部动作自动化、单机自动化、刚性自动化、刚性综合自动化系统、柔性制造单元、柔性制造系统。

3. 按控制方式分

按控制方式分分为机械控制自动化、机电液控制自动化、数字控制自动化、计算机控制自动化、智能控制自动化。

4. 按生产批量分

按生产批量分为大批量生产自动化、中等批量生产自动化、单件小批量生产自动化。

## （三）机械制造自动化设备的特点及适用范围

不同的自动化类型有着不同的性能特点和不同的应用范围，因此应根据需要选择不同的自动化系统。下面按设备的分类做一个简单介绍。

1. 刚性半自动化单机

除上下料外，机床可以自动完成单个工艺过程加工循环，这样的机床称为刚性半自动化单机。如单台组合机床、通用多刀半自动车床、转塔车床等。

这种机床采用的是机械或电液复合控制。从复杂程度讲，刚性半自动化单机实现的是加工自动化的最低层次，但其投资少、见效快，适用于产品品种变化范围和生产批量都较大的制造系统。其缺点是调整工作量大，加工质量较差，工人的劳动强度也大。

2. 刚性自动化单机

这是在刚性半自动化单机的基础上增加自动上下料装置而形成的自动化机床，因此，这种机床实现的也是单个工艺过程的全部加工循环。这种机床往往需要定制成改装，常用于品种变化很小但生产批量特别大的场合，如组合机床、专用机床等。其主要特点是投资少、见效快，但通用性差，是大量生产中最常见的加工设备。

3. 刚性自动化生产线

刚性自动化生产线（简称"刚性自动线"）是用工件输送系统将各种刚性自动化加工设备和辅助设备按一定的顺序连接起来，在控制系统的作用下完成单个零件加工的复杂大系统。在刚性自动线上，被加工零件以一定的生产节拍，顺序通过各个工作位置，自动度，具有统一的控制系统和严格的生产节奏。与自动化单机相比，它的结构复杂、完成的加工工序多，所以生产率也很高，是少品种、大量生产必不可少的加工装备。除此之外，刚性自动化还具有可以有效缩短生产周期、取消半成品的中间库存、缩短物料流程、减少生产面积、改善劳动条件、便于管理等优点。它的主要缺点是投资大、系统调整周期长、更换产品不方便。为了消除这些缺点，人们发展了组合机床自动线，可以大幅度缩短建线周期，更换产品后只需更换机床的某些部件即可（例如可换主轴箱），大大缩短了系统的调整时间，降低了生产成本，并能收到较好的使用效果和经济效果。组合机床自动线主要用于箱体类零件和其他类型非回转件的钻、扩、铰、幢、攻螺纹和铣削等工序的加工。

### 4. 刚性综合自动化系统

一般情况下，刚性自动线只能完成单个零件的所有相同工序（如切削加工工序），对于其他自动化制造内容如热处理、锻压、焊接、装配、检验、喷漆甚至包装却不可能全部包括在内。刚性综合自动化系统常用于产品比较单一但工序内容多、加工批量特别大的零部件的自动化制造。刚性综合自动化系统结构复杂、投资强度大、建线周期长、更换产品困难，但生产效率极高、加工质量稳定、工人劳动强度低。

### 5. 数控机床

数控机床用于完成零件一个工序的自动化循环加工。它是用代码化的数字量来控制机床，按照事先编好的程序，自动控制机床各部分的运动，而且还能控制选刀、换刀、测量、润滑、冷却等工作。数控机床是机床结构、液压、气动、电动、电子技术和计算机技术等各种技术综合发展的成果，也是单机自动化方面的一个重大进展。配备有适应控制装置的数控机床，可以通过各种检测元件将加工条件的各种变化测量出来，然后反馈到控制装置，与预先给定的有关数据进行比较，使机床及时进行相应的调整，这样，机床就能始终处于最佳工作状态。数控机床常用在零件复杂程度不高、精度较高、品种多变、批量中等的生产场合。

### 6. 加工中心

加工中心是在一般数控机床的基础上增加刀库和自动换刀装置而形成的一类更复杂但用途更广、效率更高的数控机床。由于其具有刀库和自动换刀装置，可以在一台机床上完成车、铣、钱、钻、铰、攻螺纹、轮廓加工等多个工序的加工。因此，加工中心机床具有工序集中、可以有效缩短调整时间和搬运时间、减少在制品库存、加工质量高等优点。加工中心常用于零件比较复杂，需要多工序加工，且生产批量中等的生产场合。根据所处理的对象不同，加工中心又可分为铣削加工中心和车削加工中心。

### 7. 柔性制造系统

一个柔性制造系统一般由四部分组成：两台以上的数控加工设备、一个自动化的物料及刀具储运系统、若干台辅助设备（如清洗机、测量机、排屑装置、冷却润滑装置等）和一个由多级计算机组成的控制和管理系统。到目前为止，柔性制造系统是最复杂、自动化程度最高的单一性质的制造系统。柔性制造系统内部一般包括两类不同性质的运动，一类是系统的信息流，另一类是系统的物料流，物料流受信息流的控制。

柔性制造系统的主要优点是：①可以减少机床操作人员；②由于配有质量检测和反馈控制装置，因此零件的加工质量很高；③工序集中，可以有效减少生产面积；④与立体仓库相配合，可以实现 24 小时连续工作；⑤由于集中作业，可以减少加工时间；⑥易于和管理信息系统、工艺信息系统及质量信息系统结合形成更高级的自动化制造系统。

柔性制造系统的主要缺点是：①系统投资大，投资回收期长；②系统结构复杂，对操作人员要求较高；③结构复杂使得系统的可靠性较差。

一般情况下，柔性制造系统适用于品种变化不大，在 200 ～ 2500 件的中等批量生产。

8. 柔性制造单元

柔性制造单元是一种小型化柔性制造系统，柔性制造单元和柔性制造系统两者之间的概念比较模糊。但通常认为，柔性制造单元是由 1 ～ 3 台计算机数控机床或加工中心所组成，单元中配备有某种形式的托盘交换装置或工业机器人，由单元计算机进行程序编制及分配、负荷平衡和作业计划控制的小型化柔性制造系统。与柔性制造系统相比，柔性制造单元的主要优点是：占地面积较小，系统结构不很复杂，成本较低，投资较小，可靠性较高，使用及维护均较简单。因此，柔性制造单元是制造系统的主要发展方向之一，深受各类企业的欢迎。就其应用范围而言，柔性制造单元常用于品种变化不是很大、生产批量中等的生产规模中。

9. 计算机集成制造系统

计算机集成制造系统是目前最高级别的自动化制造系统，但这并不意味着计算机集成制造系统是完全自动化的制造系统。事实上，目前意义上计算机集成制造系统的自动化程度甚至比柔性制造系统还要低。计算机集成制造系强调的主要是信息集成，而不是制造过程物流的自动化。计算机集成制造系统的主要缺点是系统十分庞大，包括的内容很多，要在一个企业完全实现难度很大。但可以采取部分集成的方式，逐步实现整个企业的信息及功能集成。

### （四）机械制造自动化的辅助设备

机械制造自动化加工过程中的辅助工作包括工件的装夹、工件的上下料、在加工系统中的运输和存储、工件的在线检验、切屑与切削液的处理等。

要实现加工过程自动化，降低辅助工时，以提高生产率，就要采用相应的自动化辅助设备。

所加工产品的品种和生产批量、生产率的要求以及工件结构形式，决定了所采用的自动化加工系统的结构形式、布局、自动化程度，也决定了所采用的辅助设备的形式。

1. 中小批量生产中的辅助设备

中小批量生产中所用的辅助设备要有一定的通用性和可变性，以适应产品和工艺的变换。

对于由设计或改装的通用自动化机床组成的加工系统，工件的装换常采用组合模块式万能夹具。对于由数控机床和加工中心组成的柔性制造系统，可设置托盘，解决在同一机床上装夹不同结构工件的自动化问题，托盘上的夹紧定位点根据工件来确定，而托盘与机床的连接则有统一的基面和固定方式。

工件的上下料可以采用通用结构的机械手，改变手部模块的形式就可以适应不同的工件。

工件在加工系统中的传输，可以采用链式或滚子传送机，工件可以连同托盘和托架一起输送。在柔性制造系统中，自动运输小车是很常用的和灵活的运输设备。它可以通过交换小车上的托盘，实现多种工件、刀具、可换主轴箱的运输。对于无轨自动运输小车，改变地面敷设的感应线就可以方便地改变小车的传输路线，具有很高的柔性。

搬运机器人与传送机组合输送方式也是很常用的方式。能自动更换手部的机器人，不仅能输送工件、刀具、夹具等各种物体，而且还可以装卸工件，适用于工件形状和运动功能要求柔性很大的场合。

面向中小批量的柔性制造系统中可以设置中央仓库，存储生产中的毛坯、半成品、刀具、托盘等各种物料。用堆垛起重机系统自动输送存取，在控制、管理下，可实现无人化加工。

2. 大批量生产中的辅助设备

在大批量生产中所采用的自动化生产线上，夹具有固定式夹具和随行夹具两种类型。固定式夹具与一般机床夹具在原理和设计上是类似的，但用在自动化生产线上还应考虑结构上与输送装置之间不发生干涉，且便于排屑等特殊要求。随行夹具适用于结构形状比较复杂的工件，这时加工系统中应设置随行夹具的自动返回装置。

体积较小、形状简单的工件可以采用料斗式或料仓式上料装置；体积较大、形状复杂的工件，如箱体零件可采用机械手上下料。

工件在自动化生产线中的输送可采用步伐式输送装置。步伐式输送装置有棘爪式、摆杆式和抬起式等几种主要形式。可根据工件的结构形式、材料、加工要求等条件选择合适的输送方式。不便于布置步伐式输送装置的自动化生产线，也可以使用搬运机器人进行输送。回转体零件可以用输送槽式输料道输送。工件在自动化生产线间或设备间采用传送机输送，可以直接输送工件，也可以连同托盘或托架一起输送。运输小车也可以用于大批量生产中的工件输送。

箱体类工件在加工过程中有翻转要求时，应在自动化生产线中或线间设置翻转装置。翻转动作也可以由上、下料手的手臂动作实现。

为了增加自动化生产线的柔性，平衡生产节拍，工序间可以设置中间仓库。自动输送工件的辊道或滑道，也具有一定的存储工件的功能。

在批量生产的自动线中，自动排屑装置实现了将不断产生的切屑从加工区清除的功能。它将切削液从切屑中分离出来以便重复使用，利用切屑运输装置将切屑从机床中运出，确保自动化生产线加工的顺利进行。

## 五、机械制造制动化的发展

随着科学技术的飞速发展和社会的不断进步，先进的生产模式对自动化系统及技术提出了多种不同的要求，这些要求也同时代表了机械制造自动化技术将向可编程、适度自动化、信息化、智能化方向发展。

### （一）高度智能集成性

随着计算机集成制造技术和人工智能技术在制造系统中的广泛应用，具备智能特性已成为自动化制造系统的主要特征之一。智能集成化制造系统可以根据外部环境的变化自动调整自身的运行参数，使自己始终处于最佳运行状态，这称为系统具有自律能力。

智能集成化制造系统还具有自决策能力，能够最大限度地自行解决系统运行过程中所遇到的各种问题。由于有了智能集成化系统就可以自动监视本身的运行状态，发现故障则自动给予排除。如发现故障正在形成，则采取措施防止故障的发生。

智能集成化制造系统还应与计算机集成制造系统的其他分系统共同集成为一个有机整体，以实现信息资源的共享。它的集成性不仅仅体现在信息的集成上，它还包括另一个层次的集成，即人和技术之间的集成，实现了人机功能的合理分配，并能够充分发挥人的主观能动性。

带有智能的制造系统还可以在最佳加工方法和加工参数选择、加工路线的最佳化和智能加工质量控制等方面发挥重要作用。

总之，智能集成化制造系统具有自适应能力、自学习能力、自修复能力、自组织能力和自我优化能力。因而，这种具有智能的集成化制造系统将是自动化制造系统的主要发展趋势之一。但由于受到人工智能技术发展的限制，智能集成型自动化制造系统的实现将是个缓慢的过程。

### （二）人机结合的适度自动化

传统的自动化制造系统往往过分强调完全自动化，对如何发挥人的主导作用考虑甚少。但在先进生产模式下的自动化制造系统却并不过分强调它的自动化水平，而强调的是人机功能的合理分配，强调充分发挥人的主观能动性。因此，先进生产模式下的自动化制造系统是人机结合的适度自动化系统。这种系统的成本不高，但运行可靠性却很高，系统的结构也比较简单（特别体现在可重构制造系统上）。它的主要缺陷是人的情绪波动会影响系统的运行质量。

在先进生产模式下，特别是在智能制造系统中，计算机可以取代人的一部分思维、推理及决策活动，但绝不是全部。在这种系统中，起主导作用的仍然是人，因为无论计算机如何"聪明"，它的智能将永远无法与人的智能相提并论。

### （三）强调系统的柔性和敏捷性

传统的自动化制造系统的应用场合往往是大批量生产环境，这种环境不特别强调系统具有柔性。但先进生产模式下的自动化制造系统面对的却是多品种、小批量的生产环境和不可预测的市场需求，这就要求系统具有比较大的柔性，能够满足产品快速更换的要求。实现自动化制造系统柔性的主要手段是采用成组技术和计算机控制的、模块化的数控设备。这里所说的柔性与传统意义上的柔性不同，我们称之为敏捷性。传统意义上的柔性制造系统仅能在一定范围内具有柔性，而且系统的柔性范围是在系统设计时就预先确定了的，超出这个范围时系统就无能为力。先进生产模式下的自动化制造系统面对的是无法预测的外部环境，无法在规划系统时预先设定系统的有效范围，但由于系统具有智能且采用了多种新技术（如模块化技术和标准化技术），因此不管外部环境如何变化，系统都可以通过改变自身的结构适应。智能制造系统的这种"敏捷性"比"柔性"具有更广泛的适应性。

### （四）继续推广单元自动化技术

制造自动化大致是沿着数控化、柔性化、系统化、智能化的技术阶段升级，并朝数字化、信息化制造方向发展。单元自动化技术是这一技术阶梯的升级基础，包括计算机输入设计制造、数字控制、计算机数字控制、加工中心、自动导向小车、机器人、坐标测量机、快速成型、人机交互编程、制造资源计算、管理信息系统、产品数据管理、基于网络的制造技术、质量功能配置工艺性设计技术等，将使传统过程和装备产生质的变化，实现少或无图样快速设计、制造，以提高劳动生产率，提高产品质量，缩短设计、制造周期，提高企业的竞争力。

### （五）发展应用新的单元自动化技术

自动化技术发展迅猛，主要依靠许多使能技术的进步和一些开发工具的扩大，它们将人们构思的自动操作付诸实现，如网络控制技术、组态软件、嵌入式芯片技术、数字信号处理器、可编程序控制器及工业控制机等，都属于自动控制技术中的使能技术。

1. 网络控制技术

网络控制技术即网络化的控制系统，又称为控制网络。分布式控制系统（或称集散控制系统）、工业以太网和现场总线系统都属于网络控制系统。这体现了控制系统正向网络化、集成化、分布化、节点智能化的方向发展。

### 2. 组态软件

随着计算机技术的飞速发展，新型的工业自动控制系统正以标准的工业计算机软、硬件平台构成的集成系统取代传统的封闭式系统，它具有适应性强、开放性好、易于扩展、经济及开发周期短等优点。监控组态软件在新型的工业自动控制系统中起到了越来越重要的作用。

### 3. 嵌入式芯片技术

它是计算机的一种应用形式，通常指埋藏在宿主设备中的微处理系统。嵌入式处理器使宿主设备功能智能化，设备灵活和操作简单。这些设备，小到移动电话，大到飞机导航系统，功能各异，千差万别，但都具有功能强、实有性强、结构紧凑、可靠性高等特点。广义地讲，嵌入式芯片技术是指作为某种技术过程的核心处理环节，能直接与现实环境接口或交互的信息处理系统。

### 4. 数字信号处理器（DSP）

近几年来，DSP 器件随着性价比的不断提高，被越来越多地直接应用于自动控制领域。

## （六）运用可重构制造技术

可重构制造技术是数控技术、机器人技术、物料传送技术、检测技术、计算机技术、网络技术和管理技术等的综合。所谓可重构制造，是指能够敏捷地自我调整系统结构以便作快速响应环境变化即具备动态重构能力的制造。由加工中心、物料传送系统和计算机控制系统等组成的可重构制造有可能成为未来制造业的主要生产手段。

# 第二章 机械制造与工艺设备

## 第一节 热加工

### 一、铸造

熔炼金属，制造铸型，并将熔融金属浇入铸型，凝固后获得一定形状和性能铸件的成形方法，称为铸造。铸造是一门应用科学，广泛用于生产机器零件或毛坯，其实质是液态金属逐步冷却凝固而成形。其具有以下优点：可以生产出形状复杂，特别是具有复杂内腔的零件毛坯，如各种箱体、床身、机架等。铸造生产的适应性广，工艺灵活性大。工业上常用的金属材料均可用来进行铸造，铸件的重量可由几克到几百吨，壁厚可由 0.5 毫米到 1 米。铸造用原材料大都来源广泛、价格低廉，并可直接利用废机件，故铸件成本较低。

随着铸造技术的发展，除了机器制造业外，在公共设施、生活用品、工艺美术和建筑等国民经济的各个领域，也广泛采用各种铸件。

铸件的生产工艺方法大体分为砂型铸造和特种铸造两大类。

#### （一）砂型铸造

在砂型铸造中，造型和造芯是最基本的工序。它们对铸件的质量、生产率和成本的影响很大。造型通常可分为手工造型和机器造型。手工造型是用手工或手动工具完成紧砂、起模、修型工序。其特点为：①操作灵活，可按铸件尺寸、形状、批量与现场生产条件灵活地选用具体的造型方法；②工艺适应性强；③生产准备周期短；④生产效率低；⑤质量稳定性差，铸件尺寸精度、表面质量较差；⑥对工人技术要求高，劳动强度大。

手工造型主要适应于单件、小批量铸件或难以用造型机械生产的形状复杂的大型铸件。

随着现代化大生产的发展，机器造型已代替了大部分的手工造型，机器造型不但生产率高，而且质量稳定，劳动强度低，是成批大量生产铸件的主要方法。机器造型的实质是采用机器完成全部操作，至少完成紧砂操作的造型方法，效率高，铸型和铸件质量高，但投资较大。适用于大量或成批生产的中小铸件。

在铸造生产中，一般根据产品的结构、技术要求、生产批量及生产条件进行工艺设计。铸造工艺设计包括选择浇铸位置和分型面、确定浇铸系统、确定型芯的形式等几个方面。

### （二）特种铸造

随着科学技术的发展和生产水平的提高，对铸件质量、劳动生产率、劳动条件和生产成本有了进一步的要求，因而铸造方法有了长足发展。所谓特种铸造，是指有别于砂型铸造方法的其他铸造工艺。目前特种铸造方法已发展到几十种。常用的有熔模铸造、金属型铸造、离心铸造、压力铸造、低压铸造、陶瓷型铸造、实型铸造、磁型铸造、石墨型铸造、连续铸造、挤压铸造等。

特种铸造能获得如此迅速的发展，主要由于这些方法一般都能提高铸件的尺寸精度和表面质量，或提高铸件的物理及力学性能；此外，大多能提高金属的利用率（工艺出品率），减少原砂消耗量；有些方法更适宜于高熔点、低流动性、易氧化合金铸件的铸造；有的明显改善劳动条件，并便于实现机械化和自动化生产等。

## 二、焊接

焊接是现代制造技术中重要的金属连接技术。焊接成形技术的本质在于：利用加热或者同时加热加压的方法，使分离的金属零件形成原子间的结合，从而形成新的金属结构。

焊接的实质是使两个分离的物体通过加热或加压，或两者并用，在用或不用填充材料的条件下借助原子间或分子间的联系与质点的扩散作用形成一个整体的过程。要使两个分离的物体形成永久性结合，首先必须使两个物体相互接近 0.3 ~ 0.5 纳米的距离，使之达到原子间的力能够互相作用的程度。这对液体来说是很容易的，但对固体则需外部给予很大的能量才会使其接触表面之间达到原子间结合的距离，而实际金属由于固体硬度较高，无论其表面精度多高，实际上也只能是部分点接触，加之其表面还会有各种杂质，如氧化物、油脂、尘土及气体分子的吸附所形成的薄膜等，这些都是妨碍两个物体原子结合的因素。焊接技术就是采用加热、加压或两者并用的方法，来克服阻碍原子结合的因素，以达到二者永久牢固连接的目的。

### （一）焊接的优点

接头的力学性能与使用性能良好。例如，120 万千瓦核电站锅炉，外径 6400 毫米，壁厚 200 毫米，高 13000 毫米，耐压 17.5 兆帕。使用温度 350℃，接缝不能泄漏。应用焊接方法，制造出了满足上述要求的结构。某些零件的制造只能采用焊接的方法连接。例如电子产品中的芯片和印刷电路板之间的连接，要求导电并具有一定的强度，到目前为止，只能用钎焊连接。

## （二）焊接存在的问题

焊接接头的组织和性能与母材相比会发生变化，容易产生焊接裂纹等缺陷，焊接后会产生残余应力与变形，这些都会影响焊接结构的质量。

## （三）焊接种类

根据焊接过程的特点，可以分为熔化焊、压力焊、钎焊。

熔化焊是利用局部加热的手段，将工件的焊接处加热到熔化状态，形成熔池，然后冷却结晶，形成焊缝。熔化焊简称熔焊。

压力焊是在焊接过程中对工件加压（加热或不加熟）完成焊接。压力焊简称压焊。

钎焊是利用熔点比母材低的填充金属熔化以后，填充接头间隙并与固态的母材相互扩散实现连接。

焊接广泛用于汽车、造船、飞机、锅炉、压力容器、建筑、电子等工业部门，世界上钢产量的 50% ~ 60% 要经过焊接才能最终投入使用。

## （四）焊接的方法

### 1. 手工电弧焊

手工电弧焊是利用手工操纵电焊条进行焊接的电弧焊方法。电弧导电时，产生大量热量，同时发出强烈的弧光。手工电弧焊是利用电弧的热量溶化熔池和焊条的。

焊缝形成过程：焊接时，在电弧高热作用下，被焊金属局部熔化，在电弧吹力作用下，被焊金属上形成了卵形的凹坑，这个凹坑称为熔池。

由于焊接时焊条倾斜，因此在电弧吹力作用下，熔池的金属被排向熔池后方，这样电弧就能不断地使深处的被焊金属熔化，达到一定的熔深。

焊条药皮熔化过程中会产生某种气体和液态熔渣。产生的气体充满电弧和熔池周围的空间，起到隔绝空气的作用。液态熔渣浮在液体金属表面，起保护液体金属的作用。此外，熔化的焊条金属向熔池过渡，不断填充焊缝。

熔池中的液态金属、液态熔渣和气体之间进行着复杂的物理、化学反应，称之为冶金反应，这种反应对焊缝的质量有较大的影响。

熔渣的凝固温度低于液态金属的结晶温度，冶金反应中产生的杂质与气体能从熔池金属中不断被排出。熔渣凝固后，均匀地覆盖在焊缝上。

焊缝的空间位置有平焊、横焊、立焊和仰焊。焊条的组成与作用：焊条对手工电弧焊的冶金过程有极大影响，是决定手工电弧焊焊接质量的主要因素。

焊条由焊芯与药皮组成。焊芯是一根具有一定长度与直径的钢丝。由于焊芯的成分会直接影响焊缝的质量，所以焊芯用的钢丝都需经过特殊冶炼，有专门的牌号。这种焊接专用钢丝称为焊丝，如 H08A 等。

焊条的直径就是指焊芯的直径。结构钢焊条直径从 1.6 ～ 8 毫米，共分 8 种规格。焊条的长度是指焊芯的长度，一般均在 200 ～ 550 毫米之间。

在焊接技术发展的初期，电弧焊采用没有药皮的光焊丝焊接。在焊接过程中，电弧很不稳定。此外，空气中的氧气和氮气大量侵入熔池，将铁、碳、锰等氧化或氮化成各种氧化物和氮化物。溶入的气体又产生大量气孔，这些都使焊缝的力学性能大大降低。20世纪30年代，发明了药皮焊条，解决了上述问题，使电弧焊大量应用于工业中。

药皮的主要作用是：药皮中的稳弧剂可以使电弧稳定燃烧，飞溅少，焊缝成形好。药皮中有造气剂，熔化时释放的气体可以隔离空气，保护电弧空间熔化后产生熔渣。熔渣覆盖在熔池上可以保护熔池。药皮中有脱氧剂（主要是锰铁、硅铁等）、合金剂。通过冶金反应，可以去除有害杂质；添加合金元素，可以改善焊缝的力学性能。碱性焊条中的萤石可以通过冶金反应去氢。

2. 其他焊接方法

（1）气焊与气割

气焊是利用气体火焰作为热源的焊接方法。常用氧—乙炔火焰作为热源。氧气和乙炔在焊炬中混合，点燃后加热焊丝和工件。气焊焊丝一般选用和母材相近的金属丝。焊接不锈钢、铸铁、铜合金、铝合金时，常使用焊剂去除焊接过程中产生的氧化物。

气割又称氧气切割，是广泛应用的下料方法。气割的原理是利用预热火焰将被切割的金属预热到燃点，再向此处喷射氧气流。被预热到燃点的金属在氧气流中燃烧形成金属氧化物。同时，这一燃烧过程放出大量热量。这些热量将金属氧化物熔化为熔渣。熔渣被氧气流吹掉，形成切口。接着，燃烧热与预热火焰又进一步加热并切割其他金属。因此，气割实质上是金属在氧气中燃烧的过程。金属燃烧放出的热量在气割中具有重要作用。

（2）二氧化碳气体保护焊

二氧化碳气体保护焊是以二氧化碳气体作为保护介质的气体保护焊方法。二氧化碳气体保护焊用焊丝做电极，焊丝是自动送进的。二氧化碳气体保护焊分为细丝二氧化碳气体保护焊（焊丝直径 0.5 ～ 1.2 毫米）和粗丝二氧化碳气体保护焊（焊丝直径 1.6 ～ 5.0 毫米）。细丝二氧化碳气体保护焊用得较多，主要用于焊接0.8T，0毫米的薄板。此外，药芯焊丝的二氧化碳气体保护焊也日益广泛使用。其特点是焊丝是空心管状的，里面充满焊药，焊接时形成气—渣联合保护，可以获得更好的焊接质量。

利用二氧化碳气体作为保护介质，可以隔离空气。二氧化碳气体是一种氧化性气体，在焊接过程中会使焊缝金属氧化。故要采取脱氧措施，即在焊丝中加入脱氧剂，如硅、锰等。二氧化碳气体保护焊常用的焊丝是硅锰合金。

二氧化碳气体保护焊的主要优点是，生产率高：比手工电弧焊高 1 ～ 5 倍，且工作时连续焊接，不需要换焊条，不必敲渣。成本低：二氧化碳气体是很多工业部门的副产品，所以成本较低。

二氧化碳气体保护焊是一种重要的焊接方法，主要用于焊接低碳钢和低合金钢。在汽车工业和其他工业部门中应用广泛。

电阻焊：用电阻焊时，电流在通过焊接接头时会产生接触电阻热。电阻焊是利用接触电阻热将接头加热到塑性或熔化状态，再通过电极施加压力，形成原子间结合的焊接方法。

钎焊：钎焊时母材不熔化。钎焊时使用钎剂、钎料，将钎料加热到熔化状态，液态的钎料润湿母材，并通过毛细管作用填充到接头的间隙，进而与母材相互扩散，冷却后形成接头。

钎焊接头的形式一般采用搭接，以便于钎料的流布。钎料放在焊接的间隙内或接头附近。

钎剂的作用是去除母材和钎料表面的氧化膜，覆盖在母材和钎料的表面，隔绝空气，具有保护作用。钎剂同时可以改善液体钎料对母材的润湿性能。

焊接电子零件时，钎料是焊锡，钎剂是松香，钎焊是连接电子零件的重要焊接工艺。

钎焊可分为两大类：硬钎焊与软钎焊。硬钎焊的特点是所用钎料的熔化温度高于450℃，接头的强度大。用于受力较大、工作温度较高的场合。所用的钎料多为铜基、银基等。钎料熔化温度低于450℃的钎焊是软钎焊。软钎焊常用锡铅钎料，适用于受力不大、工作温度较低的场合。

钎焊的特点是接头光洁、气密性好。因为焊接的温度低，所以母材的组织性能变化不大。钎焊可以连接不同的材料。钎焊接头的强度和耐高温能力比其他焊接方法差。

钎焊广泛用于硬质合金刀头的焊接以及电子工业、电机、航空航天等工业领域。

# 三、锻造

在冲击力或静压力的作用下，使热锭或热坯产生局部或全部的塑性变形，获得所需形状、尺寸和性能的锻件的加工方法称为锻造。

锻造一般是将轧制圆钢、方钢（中、小锻件）或钢锭（大锻件）加热到高温状态后进行加工的。锻造能够改善铸态组织、铸造缺陷（缩孔、气孔等），使锻件组织紧密、晶粒细化、成分均匀，从而显著提高金属的力学性能。因此，锻造主要用于那些承受重载、冲击载荷、交变载荷的重要机械零件或毛坯，如各种机床的主轴和齿轮，汽车发动机的曲轴和连杆，起重机吊钩及各种刀具、模具等。

锻造分为自由锻造、模型锻造及胎模锻造。

## （一）自由锻造

只采用通用工具或直接在锻造设备的上、下砧铁间使坯料变形获得锻件的方法称为自由锻。自由锻的原材料可以是轧材（中小型锻件）或钢锭（大型锻件）。自由锻造工艺灵活、工具简单，主要适合于各种锻件的单件小批生产，也是特大型锻件的唯一生产方法。

自由锻造的设备有锻锤和液压机两大类。锻锤是以冲击力使坯料变形的，设备规格以落下部分的重量来表示。常用的有空气锤和蒸汽空气锤。空气锤的吨位较小，一般只有 500 ～ 10000 牛，用于锻 100 千克以下的锻件；蒸汽空气锤的吨位较大，可达 10 ～ 50 千牛，可锻 1500 千克以下的锻件。

液压机是以液体产生的静压力使坯料变形的，设备规格以最大压力来表示。常用的有油压机和水压机。水压机的压力大，可达 5000 ～ 15000 千牛，是锻造大型锻件的主要设备。

## （二）模型锻造

模型锻造简称为模锻，是将加热到锻造温度的金属坯料放到固定在模锻设备上的锻模模膛内，使坯料受压变形，从而获得锻件的方法。

与自由锻造和胎模锻相比，模锻可以锻制形状较为复杂的锻件，且锻件的形状和尺寸较准确，表面质量好，材料利用率和生产效率高。但模段需采用专用的模锻设备和锻模，投资大、前期准备时间长，并且由于受三向压应力变形，变形抗力大，故而模锻只适用于中小型锻件的大批量生产。

生产中常用的模锻设备有模锻锤、热模锻压力机、摩擦压力机、平锻机等。其中尤其是模锻锤工艺适应性广，可生产各种类型的模锻件，设备费用也相对较低，长期以来一直是我国模锻生产中应用最多的一种模锻设备。

锤模锻是在自由锻和胎模锻的基础上发展起来的，其所用的锻模是由带有燕尾的上模和下模组成的。下模固定在模座上，上模固定在锤头上，并与锤头一起做上下往复的锤击运动。

根据锻件的形状和模锻工艺安排，上、下模中都设有一定形状的凹腔，称为模膛。模膛根据功用分为制坯模膛和模锻模膛两大类。

制坯模膛主要作用是按照锻件形状合理分配坯料体积，使坯料形状基本接近锻件形状。制坯模膛分为拔长模膛、弯曲模膛、成形模膛、傲粗台及压扁面等。

模锻模膛的又分为预锻模膛和终锻模膛两种。预锻模膛的作用是使坯料变形到接近锻件的形状和尺寸，以便在终锻成形时金属充型更加容易，同时减少终锻模膛的磨损，延长锻模的使用寿命。预锻模膛的圆角、模锻斜度均比终锻模膛大，而且不设飞边槽。终锻模膛的作用是使坯料变形到热锻件所要求的形状和尺寸，待冷却收缩后即达到冷锻件的形状和尺寸。终锻模膛的分模面上有一圈飞边槽，用以增加金属从模膛中流出的阻力，促使金属充满模膛，同时容纳多余的金属。模锻件的飞边要在模锻后切除。

实际锻造时应根据锻件的复杂程度相应选用单模膛锻模或多模膛锻模。一般形状简单的锻件采用仅有终锻模膛的单模膛锻模，而形状复杂的锻件（如截面不均匀、轴线弯曲、不对称等）则要采用具有制坯、预锻、终锻等多个模膛的锻模逐步成形。

### （三）胎模锻造

胎模锻造是在自由锻造设备上使用可移动的简单模具生产锻件的一种锻造方法。胎模锻造一般先采用自由锻造制坯，然后在胎模中终锻成形。锻件的形状和尺寸主要靠胎模的型槽来保证。胎模不固定在设备上，锻造时用工具夹持着进行锻打。

与自由锻相比，胎模锻造生产效率高，锻件加工余量小，精度高；与模锻相比，胎模制造简单，使用方便，成本较低，又不需要昂贵的设备。因此胎模锻造曾广泛用于中小型锻件的中小批量生产。但胎模锻造劳动强度大，辅助操作多，模具寿命低，在现代工业中已逐渐被模锻所取代。

# 第二节 冷加工

## 一、切削加工

### （一）切削加工的分类

切削加工是利用切削工具从工件上切去多余材料的加工方法。通过切削加工，使工件变成符合图样规定的形状、尺寸和表面粗糙度等方面要求的零件。切削加工分为机械加工和钳工加工两大类。

机械加工（简称机工）是利用机械力对各种工件进行加工的方法，它一般是通过工人操纵机床设备进行加工的，其方法有车削、钻削、镗削、铣削、刨削、拉削、磨削、研磨、超精加工和抛光等。

钳工加工（简称钳工）是指一般在钳台上以手工工具为主，对工件进行加工的各种加工方法。钳工的工作内容一般包括划线、锯削、挫削、刮削、研磨、钻孔、扩孔、铰孔、攻螺纹、套螺纹、机械装配和设备修理等。

对于有些工作，机械加工和钳工加工并没有明显界限，例如钻孔和铰孔，攻螺纹和套螺纹，二者均可进行。随着加工技术的发展和自动化程度的提高，目前钳工加工的部分工作已被机械加工所替代，机械装配也在一定范围内不同程度地实现机械化和自动化，而且这种替代现象将会越来越多。尽管如此，钳工加工永远也不会被机械加工完全替代，将永远是切削加工中不可缺少的一部分。这是因为，在某些情况下，钳工加工不仅比机械加工灵活、经济、方便，而且更容易保证产品的质量。

### （二）切削加工的特点和作用

第一，切削加工的精度和表面粗糙度的范围广泛，且可获得高的加工精度和低的表面粗糙度。

第二，切削加工零件的材料、形状、尺寸和重量的范围较大。切削加工多用于金属材料的加工，如各种碳钢、合金钢、铸铁、有色金属及其合金等，也可用于某些非金属材料的加工，如石材、木材、塑料和橡胶等。零件的形状和尺寸一般不受限制，只要能在机床上实现装夹，大都可进行切削加工，且可加工常见的各种型面，如外圆、内圆、锥面、平面、螺纹、齿形及空间曲面等。切削加工零件重量的范围很大，重的可达数百吨，如葛洲坝一号船闸的闸门，高30多米、重600吨；轻的只有几克、加微型仪表零件。

第三，切削加工的生产率较高。在常规条件下，切削加工的生产率一般高于其他加工方法。只是在少数特殊场合，其生产率低于精密铸造、精密锻造和粉末冶金等方法。

第四，切削过程中存在切削力，刀具和工件均要具有一定的强度和刚度，且刀具材料的硬度必须大于工件材料的硬度。因此，限制了切削加工在细微结构与高硬高强等特殊材料加工方面的应用，从而给特种加工留下了生存和发展的空间。

正是因为上述特点和生产批量等因素的制约，在现代机械制造中，目前除少数采用精密铸造、精密锻造以及粉末冶金和工程塑料压制成形等方法直接获得零件外，绝大多数机械零件要靠切削加工成形。因此，切削加工在机械制造业中占有十分重要的地位，目前占机械制造总工作量的40%～60%。它与整个国家工业的发展紧密相连，起着举足轻重的作用。完全可以说，没有切削加工，就没有机械制造业。

## 二、机床与刀具

机床就是对金属或其他材料的坯料或工件进行加工，使之获得所要求的几何形状、尺寸精度和表面质量的机器。要完成切削加工，在机床上必须完成所需要的零件表面成形运动，即刀具与工件之间必须具有一定的相对运动，以获得所需表面的形状，这种相对运动称为机床的切削运动。

机床运动包括表面成形运动和辅助运动。表面成形运动，根据其功用不同可分为主运动、进给运动和切入运动。

主运动是零件表面成形中机床上消耗功率最大的切削运动。进给运动是把工件待加工部分不断投入切削区域，使切削得以继续进行的运动。切入运动是使刀具切入工件表面一定深度的运动。辅助运动主要包括工件的快速趋近和退出快移运动、机床部件位置的调整、工件分度、刀架转位、送夹料等。普通机床的主运动一般只有一个。与进给运动相比，它的速度快，消耗机床功率多。进给运动可以是一个或多个。

## （一）车床及车刀

车床是机械制造中使用最广泛的一类机床，在金属切削机床中所占比重最大，占机床总台数的 20% ~ 30%。车床用于加工各种回转表面，如内、外圆柱表面，圆锥面及成形回转表面等，有些车床还能加工螺纹面。

车床的种类很多，按其用途和结构不同，可分为卧式车床、转塔车床、立式车床、单轴和多轴自动车床、仿形车床、多刀车床、数控车床和车削中心、各种专门化车床（如铲齿车床、凸轮轴车床、曲轴车床及轧辊车床）等。

车削加工所用的刀具主要是各种车刀。车刀由刀柄和刀体组成。刀柄是刀具的夹持部分，刀体是刀具上夹持或焊接刀条、刀片部分，或由它形成切削刃的部分。此外，多数车床还可用钻头、扩孔钻、丝锥、板牙等孔加工刀具和螺纹刀具进行加工。

## （二）铣床与铣刀

铣床是用铣刀进行铣削加工的机床。铣床的主运动是铣刀的旋转运动，而工件做进给运动。铣床的种类很多，按其用途和结构不同，铣床分为卧式铣床、立式铣床、万能铣床、龙门铣床、工具铣床以及各种专用铣床。

铣刀是一种多齿刀具，可用于加工平面、台阶、沟槽及成形表面等。铣削加工时，同时切削的刀齿数多，参加切削的刀刃总长度长，所以生产效率高。铣刀是使用量较大的一种金属切削刀具，其使用量仅次于车刀及钻头。铣刀品种规格繁多，种类各式各样。

## （三）磨床与砂轮

用磨料或磨具作为切削刀具对工件表面进行磨削加工的机床，称为磨床。磨床是各类金属切削机床中品种最多的一类，主要有外圆、内圆、平面、无芯、工具磨床和各种专门化磨床等。磨床的应用范围很广，凡在车床、铣床、镗床、钻床、齿轮和螺纹加工机床上加工的各种零件表面，都可在磨床上进行磨削精加工。

砂轮是磨床所用的主要加工刀具，砂轮磨粒的硬度很高，就像一把锋利的尖刀，切削时起着刀具的作用，在砂轮高速旋转时，其表面上无数锋利的磨粒，就如同多刃刀具，将工件上一层薄薄的金属切除，从而形成光洁精确的加工表面。

砂轮是由结合剂将磨料颗粒黏结而成的多孔体，由磨料、结合剂、气孔三部分组成。磨料起切削作用，结合剂把磨料结合起来，使之具有一定的形状、硬度和强度。由于结合剂没有填满磨料之间的全部空间，因而有气孔存在。

砂轮的组织表示磨粒、结合剂和气孔三者体积的比例关系。磨粒在砂轮体积中所占比例越大，砂轮的组织越紧密，气孔越小；反之，组织疏松。砂轮磨粒占的比例越小，气孔就越大，砂轮越不易被切屑堵塞，切削液和空气也易进入磨削区，使磨削区温度降低，工件因发热而引起的变形和烧伤减小。但砂轮易失去正确廓形，降低成形表面的磨削精度，增大表面粗糙度。

随着科学技术的不断发展，近年来出现了多种新磨料，使高速磨削和强力磨削工艺得到迅速发展，提高了磨削效率并促进了新型磨床的产生。同时，磨削加工范围不断扩大，如精密铸造和精密锻造工件可直接磨削成成品。因此，磨床在金属切削机床中所占的比例不断上升，在工业发达国家已达30%以上。

# 第三节　特种加工

## 一、电火花加工

电器开关在合上或拉开时，有可能因局部放电使开关的接触部位烧蚀，这种现象称为电蚀。电火花加工正是在一定的液体介质中，利用脉冲放电对导电材料的电蚀现象来蚀除材料，从而使零件的尺寸、形状和表面质量达到预定技术要求的一种加工方法。在特种加工中，电火花加工的应用最为广泛。

### （一）电火花加工类型

电火花加工方法按其加工方式和用途不同，大致可分为电火花穿孔成型加工、电火花线切割加工、电火花磨削和镗磨加工、电火花同步回转加工、电火花表面强化与刻字等五大类。其中又以电火花穿孔成型加工和电火花线切割加工的应用最为广泛。

电火花加工的尺寸精度随加工方法而异。目前电火花成型加工的平均尺寸精度为0.05毫米，最高精度可达0.005毫米；电火花线切割的平均加工精度为0.01毫米，最高精度可达0.005毫米。

### （二）电火花加工的优点

第一，由于电火花加工是利用极间火花放电时所产生的电腐蚀现象，靠高温熔化和气化金属进行蚀除加工的，因此，可以使用较软的紫铜等工具电极，对任何导电的难加工材料进行加工，达到以柔克刚的效果，如加工硬质合金、耐热合金、淬火钢、不锈钢、金属陶瓷、磁钢等用普通加工方法难以加工或无法加工的材料。

第二，由于电火花加工是一种非接触式加工，加工时不产生切削力，不受工具和工件刚度的限制，因而有利于实现微细加工，如对薄壁、深小孔、盲孔、窄缝及弹性零件等的加工。

第三，由于电火花加工中不需要复杂的切削运动，因此，有利于异形曲面零件的表面加工。而且，由于工具电极的材料可以较软，因而工具电极较易制造。

第四，尽管利用电火花加工方法加工工件时，放电温度较高，但因放电时间极短，所以加工表面不会产生厚的热影响层，因而适于加工热敏感性很强的材料。

第五，电火花加工时，脉冲电源的电脉冲参数调节及工具电极的自动进给等，均可通过一定措施实现自动化。这使得电火花加工与微电子、计算机等高新技术的互相渗透与交叉成为可能。目前，自适应控制、模糊逻辑控制的电火花加工已经开始应用，但是电火花加工也有缺点：在电火花加工时，工具电极的损耗会影响加工精度。

## 二、超声波加工

人耳所能感受到的声波频率在 16 ～ 16000 赫兹范围内，当声波频率超过 16000 赫兹时，就是超声波。超声波加工是利用工具端面的超声频振动，或借助磨料悬浮液加工硬脆材料的一种工艺方法。前边所介绍的电火花加工，一般只能加工导电材料，而利用超声波振动，则不但能加工像淬火钢、硬质合金等硬脆的导电材料，而且更适合加工像玻璃、陶瓷、宝石和金刚石等硬脆的非金属材料。

### （一）超声波加工的原理

超声波发生器产生的超声频电振荡，通过换能器转变为超声频的机械振动。变幅杆将振幅放大到 0.01 ～ 0.15 毫米，再传给工具，并驱动工具端面做超声振动。在加工过程中，由于工具与工件间不断注入磨料悬浮液，当工具端面以超声频冲击磨料时，磨料再冲击工件，迫使加工区域内的工件材料不断被粉碎成很细的微粒脱落下来。此外，当工具端面以很大的加速度离开工件表面时，加工间隙中的工作液内可能由于负压和局部真空形成许多微空腔。当工具端面再以很大的加速度接近工件表面时，空腔闭合，从而形成可以强化加工过程的液压冲击波，这种现象称为"超声空化"。因此，超声波加工过程是磨粒在工具端面的超声振动下，以机械锤击和研抛为主，以超声空化为辅的综合作用过程。

### （二）超声波加工的特点

第一，超声波加工适宜于加工各种硬脆材料，尤其是利用电火花和电解加工方法难以加工的不导电材料和半导体材料，如玻璃、陶瓷、玛瑙、宝石、金刚石以及锗和硅等。

第二，由于超声波加工中的宏观机械力小，因此能获得良好的加工精度和表面粗糙度。尺寸精度可达 0.02 ～ 0.01 毫米，表面粗糙度度值可达 0.8 ～ 0.1 微米。

第三，超声波加工时，工具和工件无须做复杂的相对运动，因此普通的超声波加工设备结构较简单。但若需要加工复杂精密的三维结构，仍需设计与制造三坐标数控超声波加工机床。

# 三、电解加工

电解加工是利用金属在电解液中产生阳极溶解的电化学原理对工件进行成形加工的一种工艺方法，是电化学加工中的一种重要方法。

## （一）电解加工的特点

不受材料本身强度、硬度和韧性的限制，可以加工淬火钢、硬质合金、不锈钢和耐热合金等高强度、高硬度和高韧性的导电材料；

加工中不存在机械切削力，工件不会产生残余应力和变形，也没有飞边毛刺；

加工精度高，可以达到 0.1 毫米的平均加工精度和 0.01 毫米的最高加工精度，平均表面粗糙度 Ra 值可达 0.8 微米，最小表面粗糙度 Ra 值可达 0.1 微米；

加工过程中，工具阴极理论上不会损耗，可长期使用；

生产率较高，为电火花加工的 5 ~ 10 倍，某些情况下甚至高于切削加工；

能以简单的进给运动一次加工出形状复杂的型腔与型面。

电解加工也有缺点。电解加工的附属设备多，造价高，占地面积大，电解液易腐蚀机床和污染环境，而且目前它的加工稳定性还不够高。

## （二）电解加工的应用范用

在中国，电解加工很早就得到了应用。中国于 20 世纪 50 年代末，首先在军工领域进行电解加工炮管腔线的工艺研究，很快取得了成功并用于生产，不久便迅速推广到航空发动机叶片型面及锻模型面的加工。到 60 年代后期，电解加工已成为航空发动机叶片生产的定型工艺。在我国科技人员的长期努力下，电解加工在许多方面取得了突破性进展。例如，用锻造叶片毛坯直接电解加工出复杂的叶片型面，这在当时已达到世界先进水平。今天，无论是我国还是工业发达国家，电解加工已成为国防航空和机械制造业中不可缺少的重要工艺手段。它的应用主要在以下几个方面。

1. 电解锻模型

由于电火花加工的精度容易控制，多数锻模的型腔都采用电火花加工。但电火花加工的生产率较低，因此对于精度要求不太高的矿山机械、汽车拖拉机等所需的锻模，正逐步采用电解加工。

2. 电解整体叶轮

叶片是喷气发动机、汽轮机中的关键零件，它的形状复杂，精度要求高，生产批量大。采用电解加工，不受材料硬度和韧性的限制，在一次行程中可加工出复杂的叶片型面，与机械加工相比，具有明显的优越性。

采用机械加工方法制造叶轮时，叶片毛坯是精密铸造的，经过机械加工和抛光，再分别镶入叶轮轮缘的槽中，最后焊接形成整体叶轮。这种方法加工量大、周期长、质量难以保证。电解加工整体叶轮时，只要先将整体叶轮的毛坯加工好，就可用套料法加工。每加工完一个叶片，退出阴极，分度后再依次加工下一个叶片。这样不但可大大缩短加工周期，而且可保证叶轮的整体强度和质量。

3. 电解去毛

机械加工中常采用钳工方法去毛刺，这不但工作量大，而且有的毛刺因过硬或空间狭小而难以去除。而采用电解加工，则可以提高工效，节省费用。

利用电解加工，不仅可以完成上述重要的工艺过程，还可以用于深孔的扩孔加工、型孔加工以及抛光等工艺过程中。

# 第四节　制造中的测量与检验技术

## 一、常用的计量工具

量具的使用广泛存在于各行各业及现实生活中，所以提到量具，人们并不感到陌生。然而本节所讲述的量具，既不是日常生活中使用的普通量具，也不是包罗一切的所有量具，它是指目前我国机械制造工业中普遍使用的测量工具。

在机械制造工业中，我们会经常用光长度基准直接对零件尺寸进行测量，其准确度固然高，但在广泛测量中，直接用光进行测量十分不便。为了满足实际测量的需要，长度基准必须通过各级传递，最后由量具生产厂家制造出工作量具。这些工作量具就是实际生产中人们常说的"量具"。正是由于零件尺寸是由国家基准逐级传递下来的，所以全国范围内尺寸的一致性就有了可靠保证。

### （一）游标卡尺

游标卡尺是机械加工中广泛应用的常用量具之一，它可以直接测量出各种工件的内径、外径、中心距、宽度、长度和深度等。它是利用游标原理，对两测量爪相对移动分隔的距离进行读数的通用长度测量工具。它的结构简单，使用方便，是一种中等精确度的量具。

### （二）千分尺

千分尺也是机械加工中使用广泛的精密量具之一。千分尺的品种与规格较多，按用途和结构可分为外径千分尺、内径千分尺、深度千分尺、壁厚千分尺、杠杆千分尺、螺纹千分尺、公法线长度千分尺等。

外径千分尺的读数机构是由固定套管和微分筒组成的。固定套管上的纵刻线是微分筒读数值的基准线，而微分筒锥面的端面是固定套管读数值的指示线。

固定套管纵刻线的两侧各有一排均匀刻线，刻线的间距都是 1 毫米，且相互错开 0.5 毫米。标出数字的一侧表示毫米数，未标数字的一侧即为 0.5 毫米数。

用外径千分尺进行测量时，其读数可分以下三步。

1. 读整

读出微分筒锥面的端面左边固定套管上露出来的刻线数值，即为被测件的毫米整数或 0.5 毫米数。

2. 读小数

找出与基准线对准的微分筒上的刻线数值：如果此时整数部分的读数值为毫米整数，那么该刻线数值就是被测件的小数值；如果此时整数部分的读数值为 0.5 毫米，则该刻线数值还要加上 0.5 毫米后才是被测件的小数值。

3. 整个读数

把上面两次读数值相加，就是被测件的整个读数值。

### （三）百分表和千分表

百分表和千分表都是利用机械传动系统，把测杆的直线位移转变为指针在表盘上角位移的长度测量工具。它们的结构相似，功能原理相同，可用来检查机床或零件的精确程度，也可用来调整加工工件装夹位置偏差。

当测杆移动 1 毫米时，指针就转动一圈。其中百分表的圆刻度盘沿圆周有 100 个等分度，即每一分度值相当于测杆移动 0.01 毫米，而千分表的分度值为 0.001 毫米。

在用百分表和千分表进行测量时，要注意以下几点。

第一，按被测工件的尺寸和精度要求，选择合适的表。

第二，使用前，先查看量具检定合格证是否在有效期内，如无检定合格证，该表绝对不能使用。然后用清洁的纱布将表的测量头和测量杆擦干净，进行外观检查，这时表盘不应松动，指针不应弯曲。测量杆、测量头等活动部分应无锈蚀和碰伤，测量头应无磨损痕迹。

第三，测量杆移动要灵活，指针与表盘应无摩擦。多次拨动测量头，指针能回到原位。

第四，根据工件的形状、表面粗糙度和材质，选用适当的测量头。球形工件用平测量头，圆柱形或平面形的工件用球面测量头，凹面或形状复杂的表面用尖测量头，使用尖测量头时应注意避免划伤工件表面。

第五，使用前，将表装夹在表架或专用支架上，夹紧力要适当，不宜过大或过小。测量时，为了读数方便，都喜欢把指针转到表盘的零位作为起始值。在相对测量时，用量块作为对零件的基准。

对零位时先使测量头与基准表面接触，在测量范围允许的条件下，最好把表压缩，使指针转过一圈后再把表紧固住，然后对零位。为了校验一下表装夹的可靠性，这时可把测量杆提起 1 ~ 2 毫米，轻轻放下，反复两三次，如对零位置无变化，则表示装夹可靠，方可使用。当然在测量时，也可以不必事先对零位，但用这种方法应记住指针起始位置的刻度值，否则测量结束时很容易把测量结果算错。

第六，测量时，应轻轻提起测量杆，再把被测工件移到测量头的下面。放松测量杆时，应慢慢使测量头与被测件相接触。不允许把工件强迫推入测量头的下面，也不允许提起测量杆后突然松手。

第七，测量时，百分表的测量杆要与被测工件表面保持垂直；而测量圆柱形工件时，测量杆的中心线则应垂直地通过被测工件的中心线，否则将增大测量误差。

百分表和千分表的读数采用以下方法。

在测量中，主指针只要转动，转数指针也必然随之转动。两者的转数关系为：主指针转一圈，转数指针相应地在转数指示盘上转一格。因此，毫米读数可从转数指针转过的分度中求得，毫米的小数部分可从主指针转过的分度中求得。如遇测量偏差值大于 1 毫米，转数指针与主指针的起始位置应记清。小公差值的测量不必看转数指针。

## 二、传感器

传感器有时亦被称为换能器、变换器、变送器或探测器，是指那些对被测对象的某一确定的信息具有感受（或响应）与检出功能，并使之按照一定规律转换成与之对应的有用输出信号的元器件或装置。从其功能出发，人们形象地将传感器描述为那些能够取代甚至超出人的"五官"，具有视觉、听觉、触觉、嗅觉和味觉等功能的元器件或装置。这里所说的"超出"，是因为传感器不仅可应用于人体无法忍受的高温、高压、辐射等恶劣环境，还可以检测出人类"五官"不能感知的各种信息。如微弱的磁、电、离子和射线的信息，以及远远超出人体"五官"感觉功能的高频、高能信息等。总之，传感器的主要特征是能感知和检测某一形态的信息，并将其转换成另一形态的信息。

传感器一般是利用物理、化学和生物等学科的某些效应或机理，按照一定的工艺和结构研制出来的。传感器的组成细节有较大差异，但总的来说，传感器由敏感元件、转换元件和其他辅助元件组成。敏感元件是指传感器中能直接感受（或响应）与检出被测对象的待测信息（非电量）的部分，转换元件是指传感器中能将敏感元件所感受（或响应）出的信息直接转换成电信号的部分。其他辅助元件通常包括电源，即交、直流供电系统。

目前，具有各种信息感知、采集、转换、传输和处理的功能传感器件，已经成为各个应用领域，特别是自动检测、自动控制系统中不可缺少的工具。例如，在各种航天器上，利用多种传感器测定和控制航天器的飞行参数、姿态和发动机工作状态，将传感器获取的种种信号再输送到各种测量仪表和自动控制系统，进行自动调节，使航天器按人们预先设计的轨道运行。

由于传感器是信息采集系统的首要部件，是实现现代化测量和自动控制（包括遥感、遥测、遥控）的主要环节，是现代信息产业的源头，又是信息社会赖以存在和发展的物质与技术基础。因此，传感技术与信息技术、计算机技术并列成为支撑整个现代信息产业的三大支柱。可以设想，如果没有高度保真和性能可靠的传感器，没有先进的传感器技术，那么信息的准确获取就成为一句空话，信息技术和计算机技术就成了无源之水。目前，从宇宙探索、海洋开发、环境保护、灾情预报到包括生命科学在内的每一项现代科学技术的研究以及人民群众的日常生活等，几乎无一不与传感器和传感器技术紧密联系着。可见，应用、研究和开发传感器和传感器技术是信息时代的必然要求。

传感器种类很多，按被测物理量分类主要有压力、温湿度、流量、位移、速度、加速度传感器等；按敏感元件类型分主要有电阻式、压电式、电感式、电容式传感器等。下面对几种常见的传感器进行简单介绍。

## （一）电阻式传感器

电阻式传感器是将非电量（如力、位移、形变、速度和加速度等）的变化量，变换成与之有一定关系的电阻值的变化，通过对电阻值的测量达到对上述非电量测量的目的。电阻式传感器主要分为两大类：电位计（器）式电阻传感器以及应变式电阻传感器。

电位计（器）式电阻传感器又分为线绕式和非线绕式两种。线绕电位器的特点是：精度高、性能稳定、易于实现线性变化。非线绕式电位器的特点是：分辨率高、耐磨性好、寿命较长。它们主要用于非电量变化较大的测量场合。

应变式电阻传感器是利用应变效应制造的一种测量微小变化量的理想传感器，其主要组成元件是电阻应变片。电阻应变片品种繁多，形式多样，但常用的可分为两类：金属电阻应变片和半导体电阻应变片。金属电阻应变片就是由金属丝和金属片为材料制造的，而半导体应变片则是用半导体材料制成的。根据应变式电阻传感器所使用的应变片的不同，应变式电阻传感器可分为金属应变片和半导体应变片。这类传感器灵敏度较高，用于测量变化量相对较小的情况。目前，应变式电阻传感器是用于测量力、力矩、压力、加速度、重量等参数的广泛的传感器之一。

电阻式传感器的应用范围很广，例如电阻应变仪和电位器式压力传感器等。其使用方法也较为简单，例如在测量试件应变时，只要直接将应变片粘贴在试件上，即可用测量仪表（如电阻应变仪）测量；而测量力、加速度等，则需要辅助构件（例如弹性元件、补偿元件等），首先将这些物理量转换成应变，然后用应变片进行测量。

### （二）电容式传感器

电容式传感器的核心是电容器，其构成极为简单：两块互相绝缘的导体为极板，中间隔以不导电的介质。电容式传感器主要有以下优点：由于极板间引力是静电引力，一般只有毫克级，所以仅需很少能量就能改变电容值；极板很轻薄，因此容易得到良好的动态特性；介质损耗很小，发热甚微，有利于在高频电压下工作；结构简单，允许在高、低温及辐射等环境下工作，有的型式，电容相对变化量大，因此容易得到高的灵敏度；可以把被测试件作为电容器的一部分（如极板或介质），故极易实现非接触测量。

电子技术的发展，使得电容式传感器应用更加广泛，特别是它的一些优点被充分利用，如作用能量小、相对变化量大、灵敏度高、结构简单等。目前，电容式传感器在压力、差压、荷重以及小位移的检测中广为应用。

# 第五节　机械制造中的装配技术

## 一、装配与装配方法

为了达到装配精度，人们根据产品的结构特点、性能要求、生产纲领和生产条件，创造出许多行之有效的装配方法。归纳起来有互换法、选配法、修配法和调整法四大类。

### （一）互换法

互换法可以根据互换程度，分为完全互换和不完全互换。

完全互换就是机器在装配过程中每个待装配零件不需挑选、修配和调整，装配后就能达到装配精度要求的一种装配方法。这种方法是用控制零件的制造精度来保证机器的装配精度。完全互换法的优点是：装配过程简单，生产效率高；对工人的技术水平要求不高，便于组织流水作业及实现自动化装配，便于采用协作生产方式；组织专业化生产，降低成本；备件供应方便，利于维修等。因此只要能满足零件经济精度加工要求，无论何种生产类型，首先考虑采用完全互换装配法。

当机器的装配精度要求较高，装配的零件数目较多，难以满足零件的经济加工精度要求时，可以采用不完全互换法保证机器的装配精度。采用不完全互换法装配时，零件的加工误差可以放大一些，使零件加工容易，成本低，同时也达到部分互换的目的。其缺点是将会出现一部分产品的装配精度超差。

### （二）选配法

在成批或大量生产的条件下，若组成零件不多但装配精度很高，采用互换法将使零件公差过严，甚至超过了加工工艺的现实可能性。在这种情况下，可采用选配法进行装配。选配法又分三种：直接选配法、分组选配法和复合选配法。

直接选配法是由装配工人从许多待装的零件中，凭经验挑选合适的零件装配在一起，保证装配精度。这种方法的优点是简单，但是工人挑选零件的时间可能较长，而装配精度在很大程度上取决于工人的技术水平，且不宜用于大批量的流水线装配。

分组选配法是先将被加工零件的制造公差放宽几倍（一般放宽 3 ~ 4 倍），加工后测量分组（公差带放宽几倍分几组），并按对应组进行装配以保证装配精度的方法。分组选配法在机器装配中用得很少，而在内燃机、轴承等大批量生产中有一定的应用范围。

复合选配法是上述两种方法的复合。先将零件预先测量分组，装配时再在各对应组内凭工人的经验直接选择装配。这种装配方法的特点是配合公差可以不等。其装配质量高，速度较快，能满足一定生产节拍的要求。在发动机的气缸与活塞的装配中，多采用这种方法。

### （三）修配法

在单件小批生产中，装配精度要求很高且组成环多时，各组成环先按经济精度加工，装配时通过修配某一组成环的尺寸，使封闭环的精度达到产品精度要求，这种装配方法称为修配法。修配法的优点是能利用较低的制造精度，来获得很高的装配精度。其缺点是修配劳动量大，要求工人技术水平高，不易预定工时，不便组织流水作业。利用修配法达到装配精度的方法较多，常用的有单件修配法、合并修配法和自身加工修配法等。

### （四）调整法

调整法与修配法在原则上是相似的，但具体方法不同。调整装配法是将所有组成环的公差放大到经济精度规定的公差进行加工。在装配结构中选定一个可调整的零件，装配时用改变调整件的位置或更换不同尺寸的调整件来保证规定的装配精度要求。常见的调整法有可动调整法、固定调整法和误差抵消调整法三种。

## 二、装配工艺规程的制定

### （一）制定装配工艺规程的基本原则

装配工艺规程是用文件形式规定下来的装配工艺过程。它是指导装配工作的技术文件，是设计装配车间的基本文件之一，也是进行装配生产计划及技术准备的主要依据。所以，机器的装配工艺规程在保证产品质量、组织工厂生产和实现生产计划等方面有重要作用，在制定时应注意以下四条原则。

在保证产品装配质量的情况下，延长产品的使用寿命。

合理安排装配工序，减少钳工装配工作量。

提高效率，缩短装配周期。

尽可能减少车间的作业面积，力争单位面积上具有最大生产率。

## （二）装配工艺规程的内容

进行产品分析，根据生产规模合理安排装配顺序和装配方法，编制装配工艺系统图和工艺规程卡片。

确定生产规模，选择装配的组织形式。

选择和设计所需要的工具、夹具和设备。

规定总装配和部件装配的技术条件、检查方法。

规定合理的运输方法和运输工具。

## （三）制定装配工艺规程的步骤

1. 进行产品分析

分析产品图样，掌握装配的技术要求和验收标准。对产品的结构进行尺寸分析和工艺分析。研究产品分解成"装配单元"的方案，以便组织平行、流水作业。

2. 确定装配的组织形式

装配的组织形式根据产品的批量、尺寸和质量的大小分固定式和移动式两种。固定式是工作地点不变的组织形式，移动式是工作地点随着小车或运输带而移动的组织形式。固定式装配工序集中，移动式装配工序分散。单件小批、尺寸大、质量大的产品用固定装配的组织形式，其余用移动装配的组织形式。装配的组织形式确定以后，装配方式、工作地点的布置也就相应确定。工序的分散与集中以及每道工序的具体内容也根据装配的组织形式而确定。

3. 拟定装配工艺过程

在拟定装配工艺过程时，可按以下步骤进行。

（1）确定装配工作的具体内容

根据产品结构和装配精度的要求可以确定各装配工序的具体内容。

（2）确定装配工艺方法及设备

为了进行装配工作，必须选择合适的装配方法及所需的设备、工具、夹具和量具等。

（3）确定装配顺序

各级装配单元装配时，先要确定一个基准件进入装配，然后根据具体情况安排其他单元进入装配的顺序。如车床装配时，床身是一个基准件先进入总装，其他的装配单元再依次进入装配。从保证装配精度及装配工作顺利进行的角度出发，安排的装配顺序为：先下后上，先内后外，先难后易，先重大后轻小，先精密后一般。

（4）确定工时定额及工人的技术等级

目前装配的工时定额大都根据实践经验估计，工人的技术等级并不进行严格规定，但必须安排有经验的技术熟练的工人在关键的装配岗位上操作，以把好质量关。

（5）编写装配工艺文件

装配工艺规程中的装配工艺过程卡片和装配工序卡片的编写方法与机械加工的工艺过程卡和工序卡基本相同。在单件小批生产中，一般只编写工艺过程卡，对关键工序才编写工序卡。在生产批量较大时，除编写工艺过程卡外还需编写详细的工序卡及工艺守则。

# 第三章 现代制造技术综述

## 第一节 精密与超精密加工

### 一、精密与超精密加工的概念

与普通精度加工相比，精密加工是指在一定的发展阶段，加工精度和表面质量达到较高程度的加工工艺，超精密加工则是指加工精度和表面质量达到最高程度的加工工艺。目前，精密加工一般指加工精度在 $0.1\mu m$ 以下，表面粗糙度 $Ra<0.1\mu m$ 的加工技术；超精密加工是加工精度可控制到小于 $0.01\mu m$，表面粗糙度 $Ra<0.1\mu m$ 的加工技术，也称为亚微米加工，并已发展到纳米加工的水平。

需要指出的是：上述划分只具有相对意义，因为随着制造技术的不断发展，加工精度必定越来越高，现在属于精密加工的方法总有一天会变成普通加工方法。

### 二、精密与超精密加工的方法及分类

根据加工成形的原理和特点，精密与超精密加工方法可分为去除加工（又称为分离加工，从工件上去除多余材料）、结合加工（加工过程中将不同材料结合在一起）和变形加工（又称为流动加工，利用力、热、分子运动等手段改变工件尺寸、形状和性能，加工过程中工件质量基本不变）。根据机理和使用能量，精密与超精密加工可分为力学加工（利用机械能去除材料）、物理加工（利用热能去除材料或使材料结合、变形）、化学和电化学加工（利用化学和电化学能去除材料或使材料结合、变形）和复合加工（上述加工方法的复合）。

#### （一）金刚石刀具超精密切削

使用精密的单晶天然金刚石刀具加工有色金属和非金属，直接加工出超光滑的加工表面，粗糙度 $Ra=0.020\sim0.005\mu m$，加工精度 $<0.01\mu m$。金刚石刀具超精密切削主要应用于单件大型超精密零件和大量生产中的中小型超精密零件的切削加工，比如陀

螺仪、激光反射镜、天文望远镜的反射镜、红外反射镜和红外透镜、雷达的波导管内腔、计算机磁盘、激光打印机的多面棱镜、录像机的磁头、复印机的硒鼓等。

金刚石刀具超精密切削也是金属切削的一种，当然也服从金属切削的普遍规律，但因是超微量切削，故其机理与一般切削有较大差别，其难度比常规的大尺寸去除技术要大得多。超精密切削时，其背吃刀量可能小于晶粒的大小，切削在晶粒内进行，即把晶粒当成一个个不连续体进行切削，切削力一定要超过晶体内部原子、分子的结合力，刀刃上所承受的应力就急剧增加。而且刀具和工件表面微观的弹性变形和塑性变形随机，工艺系统的刚度和热变形对加工精度也有很大影响，再加上晶粒内部大约 $1\mu m$ 的间隙内就有一个位错缺陷等因素的影响，导致精度难以控制。所以这已不再是单纯的技术方法，而是已发展成一门多学科交叉的综合性高新技术，成为精密与超精密加工系统工程。在具体实施过程中，要综合考虑以下几方面因素才能取得令人满意的效果：①加工机理与工艺方法；②加工工艺装备；③加工工具；④工件材料；⑤精密测量与误差补偿技术；⑥加工工作环境、条件等。

其中对机床和刀具需要提出不同于普通切削的要求。

超精密加工机床是超精密加工最重要、最基本的加工设备，对其应提出如下基本要求。

1. 高精度

高精度包括高的静态精度和动态精度，比如高的几何精度、定位精度和重复定位精度以及分辨率等。

2. 高刚度

高刚度包括高的静刚度和动刚度，除自身刚度外，还要考虑接触刚度以及工艺系统刚度。

3. 高稳定性

要具有良好的耐磨性、抗震性等，能够在规定的工作环境和使用过程中长时间保持精度。

4. 高自动化

采用数控系统实现自动化以保证加工质量的一致性，减少人为因素的影响。

为实现超精密切削，刀具应具有如下性能：①极高的硬度、耐磨性和弹性模量，以保证刀具有很高的尺寸耐用度。②刃口能磨得极其锋锐，即刃口半径值极小，能实现超薄切削厚度。③刀刃无缺陷，因切削时刃形将复制在被加工表面上，这样可得到超光滑的镜面。④与工件材料的抗黏性好、化学亲和性小、摩擦系数低，以得到极好的加工表面完整性。

天然单晶金刚石是一种理想的、不可替代的超精密切削刀具材料，不仅具有很高的高温强度和红硬性，而且导热性能好，和有色金属摩擦强度低，能磨出极其锋锐的刀刃等,因此能够进行 Ra=0.050~0.008μm 的镜面切削。人造聚晶金刚石也可应用于超精密加工刀具,但其性能远不如天然金刚石。

金刚石刀具超精密切削是在高速、小背吃刀量、小进给量下进行的,是高应力、高温切削,由于切屑极薄,切削速度高,不会波及工件内层,因此塑性变形小,可以获得高精度、低表面粗糙度值的加工表面。

同传统切削一样,金刚石刀具切削含碳铁金属材料时,因产生碳铁亲和作用而产生碳化磨损(扩散磨损),不仅易使刀具磨损,而且影响加工质量,所以不能用来加工黑色金属。

对于黑色金属、硬脆材料的精密与超精密加工,则主要是应用精密和超精密磨料加工,即利用细粒度的磨粒和微粉对黑色金属、硬脆材料等进行加工,以得到高加工精度和低表面粗糙度值。

### (二)精密磨削

精密磨削主要是靠砂轮的精细修整,使磨粒具有微刃性和等高性而实现的。精密磨削的机理可以归纳为如下几个方面。

1. 微刃的微切削作用

砂轮精细修整后,相当于砂轮磨粒粒度变细,进行微量切削,形成粗糙度值的表面。

2. 微刃的等高切削作用

分布在砂轮表层同一深度上的微刃数量多,等高性好,使加工表面的残留高度极小。

3. 微刃的滑挤、摩擦、抛光作用

锐利的微刃随着磨削时间的增加而逐渐钝化,因而切削作用逐渐减弱,滑挤、摩擦、抛光作用加强。同时磨削区的高温使金属软化,钝化微刃的滑擦和挤压将工件表面凸峰碾平,降低了表面粗糙度值。

精密磨削一般用于机床主轴、轴承、液压滑阀、滚动导轨、量规等的精密加工。

### (三)超精密磨削

超精密磨削是一种亚微米级的加工方法,并正逐步向纳米级发展。超精密磨削的机理可以用单颗粒的磨削过程加以说明。

①磨粒可看成一颗具有弹性支承(结合剂)和大负前角切削刃的弹性体。②磨粒切削刃的切入深度是从零开始逐渐增加,到达最大值后再逐渐减少,最后到零。③磨粒磨削时与工件的接触过程依次是弹性区、塑性区、切削区,再回到塑性区,最后是弹性区。④超精密磨削时有微切削作用、塑性流动和弹性破坏作用,同时还有滑擦作用,这与刀刃的锋利程度或磨削深度有关。

超精密磨削同样是一个系统工程,加工质量受到许多因素影响,如磨削机理、超精密磨床、被加工材料、工件的定位夹紧、检测及误差补偿、工作环境以及工人的操作水平等。

精密磨削和超精密磨削的质量与砂轮及其修整有很大关系，修整方法与磨料有很大关系。如果是刚玉类、碳化硅、碳化硼等普通磨料，常采用单粒金刚石修整、金刚石粉末烧结型修整器修整和金刚石超声波修整等方法。

而对于金刚石和立方氮化硼这两种超硬磨料砂轮，因磨料本身硬度很高，砂轮的修整则要分为整形和修锐两个阶段。整形是使砂轮达到一定几何形状要求；修锐是去除磨粒间的结合剂，使磨粒突出结合剂达到一定高度，形成足够的切削刃和容屑空间。超硬磨料砂轮修整的方法很多，视不同的结合剂材料而不同，具体有以下几种。

1. 车削法

用单点、聚晶金刚石笔，修整片车削砂轮，修整精度和效率较高，但砂轮切削能力较低。

2. 磨削法

用普通磨料砂轮或砂块与超硬磨料砂轮对磨进行修整，普通磨料磨粒被破碎，切削超硬磨料砂轮上的树脂、陶瓷、金属结合剂，致使超硬磨粒脱落。修整质量好，效率较高，是目前最广泛采用的方法。

3. 电加工法

电加工法主要有电解修锐法、电火花修整法，用于金属结合剂砂轮修整，效果较好。其中电解修锐法已广泛用于金刚石微粉砂轮的修锐，并易于实现在线修锐。

4. 超声波振动修整法

用受激振动的簧片或超声波振动头驱动的幅板作为修整器，并在砂轮和修整器间放入游离磨料撞击砂轮的结合剂，使超硬磨粒突出结合剂。

超硬磨料砂轮主要用来加工各种高硬度、高脆性等难加工材料，如硬质合金、陶瓷、玻璃、半导体材料及石材等。其共同特点是：①磨削能力强、耐磨性好、耐用度高，易于控制加工尺寸。②磨削力小，磨削温度低，加工表面质量好。③磨削效率高。④加工综合成本低。

# 三、精密与超精密加工的特点

与一般加工方法相比，精密与超精密加工具有如下特点。

## （一）"进化"加工原理

一般加工时机床的精度总是高于被加工零件的精度，而对于精密与超精密加工，可利用低于零件精度的设备、工具，通过特殊的工艺装备和手段，加工出精度高于加工机床的零件，也可借助这种原理先生产出第二代更高精度的机床，再以此机床加工零件。前者称为直接式进化加工，常用于单件、小批量生产；后者称为间接式进化加工，适用于批量生产。

### （二）"超越性"加工原理

一般加工时，刀具的表面粗糙度数值会低于零件的表面粗糙度，而对于精密与超精密加工，可通过特殊的工艺方法，加工出表面粗糙度低于切削刀具表面粗糙度的零件，这称为"超越性"现象，这对表面质量要求很高的零件更为重要。

### （三）微量切削机理

精密与超精密加工属于微量或超微量切削，背吃刀量一般小于晶粒大小，切削以晶粒团为单位，并在切应力作用下进行，必须克服分子与原子之间的结合力。

### （四）综合制造工艺

精密与超精密加工中，为达到加工要求，需要综合考虑加工方法、设备与工具、检测手段（精密测量）、工作环境等多种因素。

### （五）自动化

精密与超精密加工时，广泛采用计算机控制、自适应控制、在线自动检测与误差补偿技术等方法，以减少人为影响，提高加工质量。

### （六）特种加工与复合加工

精密与超精密加工常采用特种加工与复合加工等新的方法，来克服传统切削和磨削的不足。

## 四、纳米加工技术

纳米技术通常是指纳米尺度（0.1~100nm）的材料、设计、制造、测量和控制技术。其涉及机械、电子、材料、物理、化学、生物、医学等多个领域，已经成为重点关注的重大领域之一。任何物质到了纳米量级，其物理与化学性质都会发生巨大的变化，纳米加工的物理实质必然和传统的切削、磨削有很大区别。

欲得到 1nm 的加工精度，加工的最小单位必然在亚微米级，接近原子间的距离 0.1~0.3nm，纳米加工实际上已经接近加工精度的极限，此时，工件表面的一个个原子或分子将成为直接加工的对象。因此，纳米加工的物理实质就是要切断原子间的结合，以去除一个个原子或分子，需要的能量必须要超过原子间结合的能量，能量密度很大。

### （一）纳米加工的精度

纳米加工的精度包括纳米级尺寸精度、纳米级几何形状精度、纳米级表面质量三方面，但对不同的加工对象，这几方面各有侧重。

1.纳米级尺寸精度

①较大尺寸的绝对精度很难达到纳米级。零件材料的稳定性、内应力、变形等内部因素和环境变化、测量误差等都将会产生尺寸误差。②较大尺寸的相对精度或重复精度达到纳米级，这在某些超精密加工中会出现，如某些高精度孔和轴的配合，某些精密机械零件的个别关键尺寸，超大规模集成电路制造要求的重复定位精度等。现在使用激光干涉测量法和X射线干涉测量法都可以保证这部分的加工要求。③微小尺寸加工达到纳米级精度。这在精密机械、微型机械和超微型机械中普遍存在，无论是加工或测量都需要进一步研究发展。

2.纳米级几何形状精度

这在精密加工中经常出现，如精密孔和轴的圆度和圆柱度，陀螺球等精密球的球度，光学透镜和反射镜、要求非常高的平面度或是要求很严格的曲面形状，集成电路中的单晶硅片的平面度等。这些精密零件的几何形状精度直接影响其工作性能和工作效果。

3.纳米级表面质量

此处的表面质量不仅指它的表面粗糙度，还应包含表面变质层、残余应力、组织缺陷等要求，即表面完整性。如集成电路中的单晶硅片，除要求有很高的平面度、很小的表面粗糙度和无划伤外，还要求无（或极小）表面变质层、无表面残余应力、无组织缺陷；高精度反射镜的表面粗糙度、变质层会影响其反射效率。

## （二）纳米加工技术的分类

按照加工方式，纳米级加工可分为切削加工、磨料加工、特种加工和复合加工四大类。按照所用能量不同，也可以分为机械加工、化学腐蚀、能量束加工、复合加工、隧道扫描显微技术等多种方法。

1.机械纳米加工

机械纳米加工即前面提到的单晶金刚石超精密切削、金刚石砂轮和立方氮化硼砂轮的超精密磨削以及研磨、抛光等。如借助数控系统和高精度、高刚度车床，研磨金刚石刀具保证其锋锐程度，进行超精密切削，可实现平面、圆柱面和非球曲面的镜面加工，获得表面粗糙度为 $0.002\sim0.020\mu m$ 的镜面。

2.能量束纳米加工

利用能量束可以对工件进行去除、添加和表面改性等加工。例如离子直径为 0.1nm级，利用聚焦离子束技术可将离子束聚焦到亚微米甚至纳米级，进行微细图形的检测分析和纳米结构的无掩模加工，可得到纳米级的线条宽度和精确的器件形状；电子束可以聚焦成很小的束斑，可进行光刻、焊接、微米级和纳米级钻孔、表面改性等。属于能量束加工的方法还包括激光束、电火花加工、电化学加工、分子束外延等。

3. 扫描隧道显微加工技术

扫描隧道显微镜（STM），是一种利用量子理论中的隧道效应探测物质表面结构的仪器。它在纳米科技中既是重要的测量工具又是加工工具。

STM 的工作原理是基于量子力学的隧道效应，最初是用于测量试样表面纳米级形貌的。当两电极之间的距离缩小到 1nm 时，由于粒子的波动性，电流会在外加电场作用下穿过绝缘势垒，从一个电极流向另一个电极，即产生隧道电流。当探针通过单个的原子，流过探针的电流量便有所不同，这些变化被记录下来，经过信号处理，可得到试件纳米级三维表面形貌。

STM 有两种测量模式：探针以不变高度在试件表面扫描，针尖与样品表面局部距离就会发生变化，通过隧道电流的变化而得到试件表面形貌信息，称等高测量法；利用一套电子反馈线路控制隧道电流，使其保持恒定，针尖与样品表面之间的局域高度也会保持不变，由探针移动直接描绘试件表面形貌，称恒电流测量法。

当探针针尖对准试件表面某个原子并非常接近时，由于原子间的作用力，探针针尖可以带动该原子移动而不脱离试件表面，从而实现工件表面原子的搬迁，达到纳米加工的目的。这种工艺可以说是机械加工方法的延伸，探针取代了传统的机械切削刀具。STM 纳米加工技术可实现原子、分子的搬迁、去除、增添和排列重组，从而对器件表面实现原子级的精加工，如刻蚀、组装等。其加工精度比传统的光刻技术高得多。

# 第二节 增材制造技术

## 一、增材制造技术的工艺过程

AM 的基本过程：首先由 CAD 软件设计出所需零件的计算机三维曲面（三维虚拟模型），然后根据工艺要求，按一定的厚度进行分层，将原来的三维模型转变为二维平面信息（截面信息），将分层后的信息进行处理（离散过程）产生数控代码；数控系统以平面加工的方式，有序而连续地加工出每个薄层，并使它们自动黏结而成形。这样就将一个复杂的物理实体的三维加工离散成一系列的层片加工，大大降低了加工难度。

## 二、增材制造技术的典型工艺

目前，大家耳熟能详的"3D 打印"技术实际上是一系列增材制造技术（快速原型成型技术）的统称，主要有以下几种典型工艺。

## （一）立体光刻成形

立体光刻（SLA）基于液态光敏树脂的光聚合原理进行工作，也称光造型、立体平版印刷技术，最早是由美国 3DSystem 公司开发的。由计算机传输来的三维实体数据文件，经机器的软件分层处理后，驱动一个扫描激光头，发出紫外激光束在液态紫外光敏树脂的表层进行扫描。受光束照射的液态树脂表层发生聚合反应形成固态。每一层的扫描完成之后，工作台下降一个凝固层的高度，已成形的层面上又布满一层新的液态树脂，刮平器将树脂液面刮平，再进行下一层的扫描，由此层层叠加，形成一个三维实体。

SLA 方法是目前技术上最为成熟的方法，成形的零件精度较高，可达 0.1mm。这种成形方法的缺点是成形过程中需要支撑、树脂收缩导致精度下降、树脂本身也具有一定的毒性等。

## （二）分层实体制造工艺

分层实体制造（LOM）也称叠层实体制造，采用薄片材料如纸、塑料薄膜等。在 LOM 成形机器中，片材从一个供料卷拉出，胶面朝下平整地经过造型平台，由位于另一端的收料卷筒收卷起来。片材表面事先涂覆一层热熔胶，加工时，热压辊热压片材，使之与下面已成形的工件粘接。这时激光束开始沿着当前层的轮廓进行切割。激光束经准确聚焦，使之刚好能切穿一层纸的厚度。在模型四周或内腔的纸则被激光束切割成细小的"碎片"，以便后期处理时可以除去这些材料。同时在成形过程中，这些碎片可以对模型的空腔和悬壁结构起支撑作用。一个薄层完成后，工作台带动已成形的工件下降，与带状片材（料带）分离，箔材已割离的四周剩余部分被收料筒卷起，并拉动连续的箔材进行下一层的敷覆。如此反复直至零件的所有截面粘结、切割完，得到分层制造的实体零件。新一层材料 LOM 工艺只需在片材上切割零件截面轮廓，而无须扫描整个截面，因此成形厚壁零件的速度较快，易于制造大型零件，工艺过程中不存在材料相变，因此不易产生翘曲变形，零件的成形精度较高（<0.15mm）。LOM 工艺也无须加支撑，因为工件外框与截面轮廓之间的多余材料在加工时起到了支撑作用。

## （三）选择性激光烧结工艺

选择性激光烧结（SLS）工艺原理与 SLA 十分相似，主要区别是 SLA 所用的材料是液态光敏树脂，而 SLS 是使用可熔粉状材料。和其他的 AM 技术一样，SLS 采用激光束对粉末状的材料进行分层扫描，受到激光束照射的粉末会固化在一起，并与下面已成形的部分烧结而构成零件的实体部分。当一层扫描烧结完成后，工作台下降一层的高度，敷料辊又在上面敷上一层均匀密实的粉末，直至完成整个烧结成形。此后去除多余未烧结的粉末，再经过打磨、烘干等后处理，便得到烧结后的物体原型或实体零件。

SLS 工艺最大的优点在于选材较广泛。目前可用于 SLS 技术的材料包括尼龙粉、蜡、ABS、聚碳酸脂粉、聚酰胺粉、金属和陶瓷粉等。另外，在成形过程中，未经烧结的粉末对模型的空腔和悬壁起支撑作用，因而无须考虑支撑系统。

### （四）熔丝沉积造型工艺

由于 FDM 工艺的每一层片都是在上一层上堆积形成的，上一层对当前层起定位和支承作用。随着高度的增加，层片轮廓的面积和形状都会变化，当上层轮廓不能为当前层提供足够的定位、支承时，就需要设计一些辅助结构为后续层提供定位和支承，特别是对于有空腔和悬壁结构的工件。FDM 工艺不用激光器件，因此使用、维护简单，成本较低。用蜡成形的零件原形，可以直接用于失蜡铸造。用 ABS 制造的原形因具有较高强度而在产品设计、测试与评估等方面得到广泛应用。由于以 FDM 工艺为代表的熔融材料堆积成形工艺具有一些显著优点，该类工艺发展极为迅速。

### （五）三维打印黏结工艺

三维打印黏结工艺又可称为三维印刷工艺（3DP），工艺原理与 SLS 十分相似，也是使用粉末材料，如陶瓷粉末、金属粉末，用以制造铸造用的陶瓷壳体和芯子。二者的主要区别在于 SLS 用激光烧结成形，而 3DP 采用喷墨打印的原理是将液态黏结剂（如硅胶）由打印头喷出，将零件的截面"印刷"在材料粉末上面。用黏结剂黏结的零件强度较低，还需后续处理。先烧掉黏结剂，然后在高温下渗入金属，使零件致密化，提高强度，逐层让黏结粉末材料成形。

### （六）弹道微粒制造工艺

弹道微粒制造（BPM）工艺的工作原理：它用一个压电喷射（头）系统来沉积熔化了的热塑性塑料的微小颗粒，喷头安装在运动机构上，可在计算机的控制下按预定轨迹运动，从而将零件成形。对于零件中的悬臂部分，可以不加支承；而"不连通"的部分还要加支承。

# 第三节 智能制造

## 一、概述

### （一）智能制造的概念

智能制造（IM）是在现代传感技术、网络技术、自动化技术、拟人化智能技术等先进技术的基础上，通过智能化的感知、人机交互、决策和执行技术，实现设计过程、制造过程和制造装备智能化，是信息技术和智能技术与装备制造过程自动化技术的深度融合和集成。智能制造日益成为未来制造业发展的重大趋势和核心内容，它把制造自动化的概念更新，扩展到柔性化、智能化和高度集成化，涵盖了以智能互联为特征的智能产品、以智能工厂为载体的智能生产、以信息物理系统为关键的智能管理以及以实时在线为特征的智能服务，包含了产品设计、生产规划、生产执行、售后服务等制造业的全部环节。

智能制造包括智能制造技术和智能制造系统两大关键组成要素。

智能制造技术（IMT）是指利用计算机模拟制造专家的分析、判断、推理、构思和决策等智能活动，通过智能机器将其贯穿应用于整个制造企业的各个环节（如经营决策、采购、产品设计、生产计划、制造、装配、质量保证和市场销售等），以实现整个制造企业经营运作的高度柔性化和集成化。IMT 是当前先进自动化技术、传感技术、控制技术、数字制造技术等先进制造技术以及物联网、大数据、云计算等新一代信息技术高度融合的产物。

智能制造系统（IMS）是一种由智能机器和人类专家共同组成的人机一体化智能系统。在制造过程中以一种高度柔性和高度集成的方式进行智能活动，旨在（部分）取代或延伸人类专家在制造过程中的脑力劳动，在国际标准化和互换性的基础上，使整个企业制造系统中的各个子系统分别智能化，并使制造系统形成由网络集成的、高度自动化的一种制造系统。IMS 是智能制造的核心，是智能技术集成应用的环境，也是智能制造模式展现的载体。

IM、IMT、IMS 这三个概念相互交叉、融合，很难严格区分。

## （二）智能制造的特征

智能制造和传统的制造相比，具有以下特征。

1. 自律能力

拥有强有力的知识库和基于知识的模型，能监测与处理周围环境信息和自身作业状况信息，并进行分析判断和规划自身行为的能力。具有自律能力的设备称为"智能机器"。"智能机器"在一定程度上表现出独立性、自主性和个性，使整个系统具备抗干扰、自适应和容错等能力。

2. 人机一体化

IMS 起源于对"人工智能"研究，但已不是单纯的"人工智能"系统，而是人机一体化的智能系统，是一种混合智能。基于人工智能的智能机器只能进行机械式的推理、预测、判断，只能具有逻辑思维（专家系统），最多做到形象思维（神经网络），完全做不到灵感（顿悟）思维。人机一体化一方面突出真正同时具备以上三种思维能力的人类专家在制造系统中的核心地位，同时在智能机器的配合下，将机器智能和人的智能真正地结合在一起，更好地发挥人的潜能。

3. 虚拟制造技术

虚拟制造（VM）技术是实际制造过程通过计算机进行实现的技术，即采用计算机建模与仿真技术、虚拟现实（VR）技术或（及）可视化技术，在计算机网络环境下协同工作，虚拟展示整个制造过程和未来的产品等，以增强制造过程中各个层次或环节的正确决策和控制能力。这种人机结合的新一代智能界面，可以按照人们的意愿任意变化，是智能制造的一个显著特征。

4. 自组织与超柔性

自组织是 IMS 的一个重要标志，IMS 中的各组成单元能够依据工作任务的需要，自行组成一种合适的结构，并按照最优的方式运行，完成任务后，该结构随即自行解散，以备在下一个任务中重新组合成新的结构。其柔性不仅表现在运行方式上，而且表现在结构形式上，所以称这种柔性为超柔性。

5. 学习能力与自我维护能力

IMS 能以原有的专家知识为基础，在实践中不断地自学习，完善系统知识库，删除库中有误的知识，使知识库趋向最优。同时，在运行过程中能自行故障诊断，并具备对故障自行排除和修复的能力。这种特征使 IMS 能够自我优化并适应各种复杂的环境。

# 二、机床智能加工

机床智能加工的目的就是要解决加工过程中众多不确定的、要由人干预才能解决的问题，也就是要由计算机取代或延伸加工过程中人的部分脑力劳动，实现加工过程中的决策、监测与控制的自动化，其中关键是决策自动化。

## （一）机床智能加工系统的基本结构

机床智能加工系统主要由过程模型、传感器集成、决策规划、控制等四个模块以及知识库和数据库组成。

1. 过程模型模块

过程模型模块主要是从多个传感器中获取不同的加工过程信息，进行相应信息的特征提取，建立各自的过程模型，并作为输入信息输入多传感器信息集成模块。

2. 传感器集成模块

传感器集成模块主要将多个传感器信息进行集成，根据过程模型模块输入的加工状态情况，对合适的传感器加重"权"，为加工过程决策与规划提供更加准确、可靠的信息。

3. 决策规划模块

根据传感器集成模块提供的信息，针对加工过程中出现的各种不确定性问题，依据知识库和数据库做出相应的决策和对原控制操作做适当修正，使机床处于最佳的工作状态。

4.控制模块

依据决策规划的结果，确定合适的控制方法，产生控制信息，通过 NC 控制器，作用于加工过程，以达到最优控制，实现要求的加工任务。

5.知识库与数据库

知识库主要存放有关加工过程的先验知识，提高加工质量的各种先验模型以及可知的各种影响加工质量的因素，加工质量与加工过程有关参数之间的关系等。数据库主要由一个静态数据库和一个动态数据库组成，前者主要记录每次工件检验的有关参数及结果，后者主要记录加工过程中各种信号的测量值以及控制加工的数值。

在此基础上，再加上智能工艺规划系统、在线测量系统以及 CAD，并将单台机床扩展为多台机床或换为加工中心，则可组成一个智能加工单元。

### （二）机床智能加工要解决的关键问题

智能加工关键要解决"监测—决策—控制"问题，主要包括以下几方面内容。

1.机床智能加工的感知——传感器集成技术

感知是具有智能的基础条件。传统的机床加工自动化，大多采用单个传感器来监测加工过程，因而所得的过程模型不能正确反映加工过程的复杂性。多传感器集成技术重点研究强干扰、多因素、非线性环境下的智能监测技术，具体包括多传感器信号的特征提取、信号集成方法与算法以及状态判别准则等，以确保加工过程及其系统的可靠性与适应性。

2.机床智能加工的决策

机床智能加工的决策重点研究基于传感器集成技术的加工过程决策模型的结构与算法，具体包括加工状态的分析，切削用量的合理选择及优劣评价的数据准则，基于判据值进行决策的决策规则以及支持上述分析、选择、判别与决策的知识库和数据库的建立方法等。

3.机床智能加工的控制

机床智能加工的控制包括基于传感器集成的控制技术、基于知识及决策模型的控制技术（如适应控制、自学习控制、模糊控制技术等）以及智能控制的实时性研究。

4.机床智能加工系统的自学习与自维护

智能活动必须包括以下两个方面：一是拥有知识；二是使用知识求解问题。前面几个方面的研究大多属于使用知识求解问题，而这个方面的研究内容就是如何拥有知识、研究系统，如何自动学习获取知识及自动维护知识库的方法和技术。

# 第四节　绿色制造技术

## 一、绿色设计

设计阶段是产品生命周期的源头，在很大程度上决定了产品设计之后的其他过程的走向。如从源头实现废弃物的最小化或污染预防，这无疑是最有效的方法。

绿色设计又称为面向环境的设计（DFE），是在产品及其寿命的全过程设计中充分考虑对资源和环境的影响，在充分考虑产品的功能、质量、开发周期和成本的同时，优化各有关设计，使得产品及其制造过程对环境的总体影响和资源消耗减到最小。在设计过程中使材料选择、结构设计、工艺设计、包装运输设计、使用维护设计、拆卸回收设计、报废处置设计等多个设计阶段同时进行、相互协调各阶段和整体设计方案、分析评价结果，及时进行信息交流和反馈，从而在其设计研发过程中及时改进，使产品设计达到最优化。

绿色设计主要研究以下内容。

### （一）绿色产品设计理论和方法

从全生命周期角度对绿色产品的内涵进行全面系统的研究，提出绿色产品设计理论和方法。

### （二）绿色产品的描述和建模技术

在上述基础上，对绿色产品进行描述，建立绿色产品评价体系，对所有与环境相关的过程输入输出进行量化和评价，并对产品生命周期中经济性和环境影响的关系进行综合评价，建立数学模型。

### （三）绿色产品设计数据库

建立与绿色产品有关的材料、能源及空气、水、土、噪声排放的基础数据库，为绿色产品设计提供依据。

### （四）典型产品绿色设计系统集成

针对具体产品，收集、整理绿色设计资料，形成指导设计的指南、准则，建立绿色产品系统设计工具平台，并与其他设计工具（如 CAD、CAE、CAPP 等）集成，形成集成的设计环境。

## 二、绿色制造

此处的绿色制造主要指绿色的产品制造阶段，是以过去传统的制造技术为基础，使用当代的先进制造技术和新的材料使得制造的产品质量高、成本低，对环境的污染小，并有利于资源循环利用。要从绿色材料、绿色工艺、绿色包装三个方面入手，并在绿色制造过程中加以实现。

绿色制造过程要坚持前面所说的三个原则，减少制造过程中的资源消耗，避免或减少制造过程对环境的不利影响以及报废产品的再生与利用。为此，相应地要发展三个方面的制造技术，即节省资源的制造技术、环保型制造技术和再生制造技术。

### （一）节省资源的制造技术

这主要从减少原材料消耗、减少制造过程中的能源消耗和减少制造过程中的其他消耗等方面入手来节省资源。

1. 减少原材料消耗

制造过程中使用的原材料越多，消耗的资源就越多，并会加大采购、运输、库存、毛坯制造环节等的工作量。减少制造过程中原材料消耗的主要措施如下：①科学选用原材料，避免选用稀有、贵重、有毒、有害材料，尽量实现废弃材料的回收与再生。②合理设计毛坯结构，尽量减少毛坯加工余量，并采用净成形、净终成形的先进毛坯制造工艺（如精密铸造、精密锻造、粉末冶金等）。③优化排料、排样，尽可能减少边角余料等造成的浪费。④采用冷挤压等少、无切屑加工技术代替切削加工；在可行的条件下，采用增材制造技术，避免传统的去除加工所带来的材料损耗。

2. 减少制造过程中的能源消耗

制造过程中耗费的能量除一部分转化为有用功之外，大部分都转化为其他能量而浪费并有可能带来其他不利影响。如普通机床用于切削的能量仅占总能量的30%，其余70%的能量则消耗于空转、摩擦、发热、振动和噪声等。减少制造过程中能量消耗的措施如下。①提高设备的传动效率，减少摩擦与磨损。例如采用电主轴以消除主传动链传动造成的能量损失，采用滚珠丝杠、滚动导轨代替普通丝杠和滑动导轨以减少摩擦损失。②合理安排加工工艺与加工设备，优化切削用量，尽量使设备处于满负荷、高效率运行状态。例如，粗加工选用大功率设备，而精加工选用小功率设备等。③优化产品结构工艺性和工艺规程，采用先进成形方法，减少制造过程中的能量消耗。例如，零件设计尽量减少加工表面、采用净成形（无屑加工）制造技术以减少机械加工量，采用高速切削技术实现"以车代磨"等。④合理确定加工过程的自动化程度，以减少机器设备结构的复杂性，从而避免消耗过多的能量。

**3.减少制造过程中的其他消耗**

减少其他辅料的消耗，如刀具消耗、液压油消耗、润滑油消耗、冷却液消耗、包装材料消耗等。

减少刀具消耗的主要措施：选择合理的刀具材料、适当的刀具角度，确定合理的刀具寿命，采用机夹可转位不重磨刀具，选择合理的切削用量等。

减少液压油与润滑油的主要措施：改进液压与润滑系统设计与制造确保不渗漏，使用良好的过滤与清洁装置以延长油的使用周期，在某些设备上可对润滑系统进行智能控制以减少润滑油的浪费等。

减少冷却液消耗的主要措施：采用高速干式切削或微量润滑（MQL）技术，不使用或少使用性能差的冷却液、选择性能良好的高效冷却液和高效冷却方式，节省冷却液，选用良好的过滤和清洁装置，延长冷却液的使用周期等。

## （二）环保型制造技术

环保型制造技术指在制造过程中最大限度地减少环境污染，创造安全、宜人的工作环境。该技术包括减少废料的产生，废料有序地排放，减少有毒有害物质的产生，有毒有害物质的适当处理，减小粉尘、振动与噪声，实行温度调节与空气净化，对废料的回收与再利用等。

**1.杜绝或减少有毒有害物质**

杜绝或减少的有毒有害物质最好方法是采用预防性原则，即对污水、废气的事后处理转变为事先预防。仅对机械加工中的冷却而言，目前已发展了多种新的加工工艺，如采用水蒸气冷却、液氮冷却、空气冷却以及采用干式切削等。近年来不用或少用冷却液、实现干切削、半干切削节能环保的机床不断出现，并在不断发展当中；采用生物降解性好的植物油、合成脂代替矿物油作为切削液，杜绝对人体的伤害和对环境的污染。

**2.减少粉尘、振动与噪声污染**

粉尘、振动与噪声是毛坯制造车间和机械加工车间最常见的污染，它严重影响了劳动者的身心健康及产品加工质量，必须严格控制，主要措施如下：①选用先进的制造工艺及设备，如采用金属型铸造代替砂型铸造，可显著减少粉尘污染；采用压力机锻压代替锻锤锻压，可使噪声大幅下降；采用增材制造技术代替去除加工，可减少机械加工噪声、提高机床或整个工艺系统的刚度和阻尼；采用减振装置等以防止和消除振动等。②优化机械结构设计，采用低噪声材料，最大限度降低工作设备的噪声。③优化工艺参数，如在机械加工中，选择合理的切削用量来有效地防止切削振动和切削噪声。④采用封闭式加工单元结构，利用抽风或隔音、降噪技术，可以有效地防止粉尘扩散和噪声传播。

### 3. 设计环保型工作环境

设计环保型工作环境即创造安全、宜人的工作环境。

安全环境包括各种必要的保护措施和操作规程，以防止工作设备在工作过程中对操作者可能造成的伤害。

舒适宜人的工作环境包括作业空间足够宽大、作业面布置井然有序、工作场地温度与湿度适中、空气流畅清新、没有明显的振动与噪声、各种控制操纵机构位置合适、工作环境照明良好、色彩协调等。

## （三）再制造技术

再制造的含义是指产品报废后，对其进行拆卸和清洗，对其中的某些零件采用表面工程或其他加工技术进行翻新和再加工，使零件的形状、尺寸和性能得到恢复和再利用，实现产品的绿色处理。

再制造技术是一项对产品全寿命周期进行统筹规划的系统工程，一方面，设计之初就要考虑产品的材料和结构设计，如采用面向拆卸的设计方法、模块化的设计方法等。另一方面，产品报废后进行再制造时，需要研究：产品的概念描述，再制造策略研究和环境分析，产品失效分析和寿命评估，回收与拆卸方法研究，再制造设计、质量保证与控制、成本分析，再制造综合评价等。

# 三、绿色产品

绿色产品主要是指产品在制造过程中要节省资源，在使用中要节省能源、无污染，产品报废后要便于回收和再利用。

## （一）节省资源

绿色产品应是节省资源的产品，即在完成同样功能的条件下，产品消耗资源数量要少。例如采用机夹式不重磨刀具代替焊接式刀具，就可大量节省刀柄材料；结构工艺性能好的零件可采用标准刀具，尽可能减少刀具种类，节约设计和制造资源。

## （二）节省能源

绿色产品应是节能产品，这是节能环保的象征，利用最少的能源消耗为人类做更多的贡献。在能源日趋紧张的今天，节能产品越来越受到重视，许多国家明确规定节能产品既要符合"节能产品认证"要求，又符合环保减排的要求。例如采用变频调速装置，可使产品在低功率下工作时节省电能；空调使用节能型制冷剂，既节电又可减少氟利昂排放。

## （三）减少污染

减少污染包括减少对环境的污染和对使用者危害两个方面。绿色产品首先应该选用无毒、无害材料制造，严格限制产品有害排放物的产生和排放数量等以减少对环境的污染，产品设计应符合人机工程学的要求以减少对使用者的危害等。

## （四）绿色包装

绿色包装指的是在产品的包装材料以及包装工艺应该符合节能环保的要求。不仅要保证产品包装精美、质量优良，也要考虑包装材料的成本以及是否具有可降解性、可回收性。在产品的包装阶段要考虑包装材料的环保性、耐用性，选择循环利用率高、节能环保的可多次循环利用并自行降解的高科技绿色包装材料。

## （五）报废后的回收与再利用

绿色产品要充分考虑产品报废后的处理、回收和再利用，将产品设计、制造、销售、使用、报废作为一个系统，融为一体，形成一个闭环系统。寿命终了的产品最终通过回收又进入下一个生命周期的循环之中，使产品具有多生命周期的属性。

# 第四章 机械制造的控制系统自动化

## 第一节 加工设备自动化的含义

在自动化制造系统中，为了实现机械制造设备、制造过程及管理和计划调度的自动化，就需要对这些控制对象进行自动控制。作为自动化制造系统的子系统——自动化制造的控制系统，它是整个系统的指挥中心和神经中枢，根据制造过程和控制对象的不同，先进的自动化制造系统多采用多层计算机控制的方法来实现整个制造过程及制造系统的自动化制造，不同层次之间可以采用网络化通信的方式实现。

### 一、控制系统的基本组成

控制系统是制造过程自动化的重要组成部分。一般而言，控制系统是指用控制信号（输入量）通过系统诸环节来控制被控量（输出量），使其按规定的方式和要求变化的系统。图 4-1 为几个简单控制系统的示例，在这些控制系统中都有一个需要控制的被控量，如图 4-1 中的温度、压力、液位等，在运行过程中要求被控量与设定值保持一致，但由于过程中干扰（如蒸汽压力、泵的转速、进料量的变化等）的存在，被控量往往偏离设定值，因此，这就需要一种控制手段，图 4-1（a）中是通过对蒸汽的流量、回流流量和出料流量的调节来达到的，这些用于调节的变量称为操作变量。

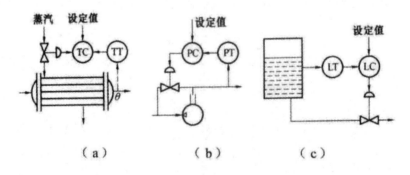

（a）温度控制系统；（b）压力控制系统；（c）液位控制系统

图 4-1 简单控制系统示例

不难看出，一般控制系统的控制过程为，检测与转换装置将被控量检测并转换为标准信号，在系统受到干扰影响时，检测信号与设定值之间将存在偏差，该偏差通过控制器调节按一定的规律运行，控制器输出信号驱动执行机构改变操作变量，使被控量与设定值保持一致。可见，简单的控制系统是由控制器、执行机构、被控对象及检测与转换装置所构成的整体，其基本构成如图 4-2 所示。

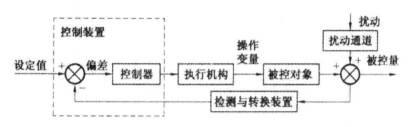

图 4-2 控制系统的基本组成

检测与转换装置用于检测被控量，并将检测到的信号转换为标准信号输出。例如，用于温度测量的热电阻或热电偶、压力传感器和液位传感器等。在图 4-1 中分别用 TT、PT 和 LT 表示温度、压力和液位传感器。

控制装置用于检测装置输出信号与设定值进行比较，按一定的控制规律对其偏差信号进行运算，运算结果输出到执行机构。控制器可以采用模拟仪表的控制器或由微处理器组成数字控制器。在图 4-1 中分别用 TC、PC 和 LC 分别表示温度、压力和液位控制器。

执行机构是控制系统环路中的最终元件，直接用于控制操作变量变化，驱动被控对象运动，从而使被控量发生变化，常用的执行元件有电动机、液压马达、液压缸等。

被控对象是控制系统所要操纵和控制的对象，如换热器、泵和液位储罐等。

# 二、机械制造自动化控制系统的基本类型

机械制造自动化控制系统有多种分类方法，本书主要介绍以下几种。

## （一）按给定量规律分类

### 1. 恒值控制系统

在这种系统中，系统的给定输入量是恒值，它要求在扰动存在的情况下，输出量保持恒定。因此分析设计的重点是要求具有良好的抗干扰性能。

图 4-3 所示的电炉温度控制系统是恒值控制系统。图中 $u_r$ 为给定的信号，$u_f$ 为由热电偶测得的反馈信号，$\Delta u = u_r - u_f$ 为偏差信号。当系统处于平衡状态时，$\Delta u = 0$，不产生调节作用。若由于扰动作用使温度下降，引起 $u_f$ 减小，$\Delta u$ 为正，经放大器放大后产生控制作用 $u_m$，使电动机 M 正向转动，并带动调压器的滑动触点向增大加热电

流的方向移动,直至偏差电压 $\Delta u$=0,电动机不再转动,达到新的平衡状态为止。同理,若炉温比给定温度高时,将产生反向的调节过程。

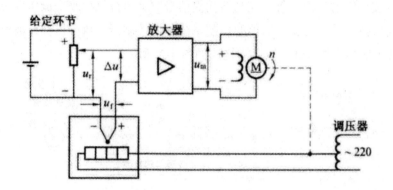

图 4-3 电炉温度控制系统示意图

2. 程序控制系统

输入量是已知的时间函数,将输入量按其变化规律编制成程序,由程序发出控制指令,系统按照控制指令的要求运动。图 4-4 为数控机床控制系统示意图。它的输入是按已知的图纸要求编制的加工指令,以数控程序的形式输入计算机中,同时在与刀盘相连接的位置,传感器将刀具的位置信号变换成电信号,经过 A/D(模–数转换器)转换成数字信号,作为反馈信号输入计算机。计算机根据输入–输出信号的偏差进行综合运算后输出数字信号,送到 D/A(数–模转换器)转换成模拟信号,该模拟信号经放大器放大后,控制伺服电机驱动刀具运动,从而加工出图纸所要求的工件形状。

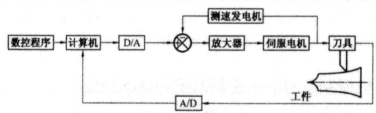

图 4-4 数控机床控制系统

3. 随动系统(伺服系统)

这种系统的给定量是时间的未知函数,即给定量的变换规律事先无法准确确定。但要求输出量能够准确、快速复现瞬时给定值,这是分析和设计随动系统的重点。国防工业的火炮跟踪系统、雷达导引系统、机械加工设备的伺服机构、天文望远镜的跟踪系统等都属于这类系统,图 4-5 所示是一个位置控制系统。

控制的目的是要使输出轴转角 $\theta_y$ 迅速准确地跟随输入轴的转角 $\theta_r$ 变化。当输入轴转过角度 $\theta_r$ 时,$\theta_y \neq \theta_r$,用一对旋转电位器 $RP_1$、$RP_2$ 接成电桥形式来检测偏差 $\Delta\theta = \theta_r - \theta_y$,并转换成与 $\Delta\theta$ 成正比的电压 $u_e$,经放大器 A 放大后,输出电压 $u_f$,作用于发电机

$G$ 的励磁绕组。电压 $u_e$ 的大小和极性，决定了发电机端电压 $u$ 的大小和极性，相应地也确定了电动机 M 的转速和转向，电动机 M 通过齿轮箱带动输出轴向偏差减小的方向转动。当 $\theta_y = \theta_r$ 时，偏差为零，电动机停止转动。

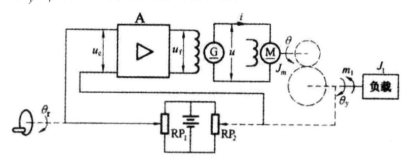

图 4-5　位置控制系统

## （二）按控制方式分类

### 1. 开环控制系统

开环控制系统的特点是系统的输出与输入信号之间没有反馈回路，输出信号对控制系统无影响。开环控制系统结构简单，适用于系统结构参数稳定，没有扰动或扰动很小的场合。图 4-6 所示的电动机拖动负载开环控制系统原理图，其工作原理是：当电位器给出一定电压 $U_v$ 后，晶闸管功率放大器的触发电路便产生一系列与电压 $U_v$ 相对应的、具有一定相位的触发脉冲去触发晶闸管，从而控制晶闸管功率放大器输出电压 $U_a$。由于电动机 $D$ 的励磁绕组中加的恒定励磁电流 $i_f$，因此随着电枢电压 $U_a$ 的变化，电动机便以不同的速度驱动负载运动。如果要求负载以恒定的转速运行，则只需给定相应的恒定电压即可，图 4-7 为开环控制系统控制过程。

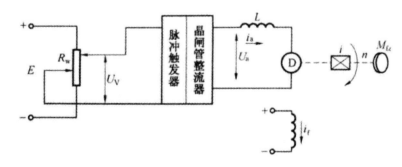

图 4-6　电动机拖动负载开环控制系统

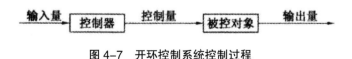

图 4-7　开环控制系统控制过程

## 2. 闭环控制系统

系统的输出量对控制作用有直接影响的系统称为闭环控制系统，图 8-8 为电动机拖动负载闭环控制系统原理图，其控制目的为保持电动机以恒定的转速运行。图中 CF 为测速发电机，其输出电压正比于负载的转速 $n$，如即 $U_{CF}=K_C n$。电压 $U_r$ 为给定基准电压，其初值与电动机转速的期望值相对应。将 $U_{CF}$ 反馈到系统输入端与 $U_r$ 进行比较，观察负载转速并判断其是否与期望值发生偏差。在这一过程中，$U_r$ 是系统的控制量（或控制信号），电压 $U_{CF}$ 则是与被控量成正比的反馈量（或反馈信号）。反馈量 $U_{CF}$ 与控制量 $U_r$ 比较后得到电压差（偏差量）$\Delta U=U_r-U_{CF}$，如 $\Delta U \neq 0$，表明电动机转速在扰动量影响下偏离其期望值。图中 K 为放大环节，其作用是放大偏差量去控制伺服电机 SD，SD 转动产生的转角位移通过减速装置 $i_2$，移动电位器 $R_W$ 的滑臂，得以改变电压 $U_P$ 的量值，进而控制晶闸管功率放大器的输出电压 $U_a$ 的大小和极性，使电动机转速得到控制。重复上述调节过程直到消除偏差，即 $\Delta U=0$，使电动机转速 $n$ 达到期望值为止。

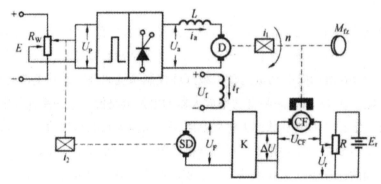

图 4-8　电动机拖动负载闭环控制系统

由上述分析可知，图 4-8 所示电动机转速的控制引入了被控量，使被控量参与控制过程，形成一个完整的闭环控制，能很好地实现电动机转速恒定的自动控制，图 4-9 为该系统的控制过程。

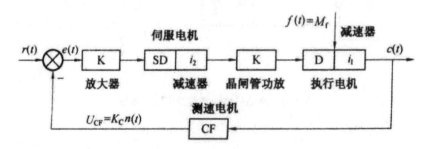

图 4-9　电动机转速闭环反馈控制系统控制过程

### （三）按系统中传递信号的性质分类

1. 连续控制系统

连续控制系统是指系统中传递的信号都是模拟信号，控制规律一般是用硬件组成的控制器来实现的，描述此种系统的数学工具是微分方程和拉氏变换。

2. 离散控制系统

离散控制系统是指系统中传递的信号是数字信号，控制规律一般用软件实现，通常采用计算机作为系统的控制器。

### （四）按描述系统的数学模型分类

1. 线性控制系统

线性控制系统是指可用线性微分方程来描述的系统。

2. 非线性控制系统

非线性控制系统是指不能用线性微分方程来描述的系统。

## 三、对控制系统的性能要求

考虑到动态过程中不同阶段有不同的特点，工程上通常从稳定性、准确性、快速性三个方面来评价控制系统的总体精度。

### （一）稳定性

稳定性指系统在动态过程中的振荡倾向和系统重新恢复平衡工作状态的能力。稳定的系统中，当输出量偏离平衡状态时，其输出能随时间的增长收敛并回到初始平衡状态。稳定性是保证系统正常工作的前提。

### （二）准确性

准确性是就系统过渡到新的平衡工作状态后，或系统受到干扰重新恢复平衡后，最终保持的精度而言的，它反映动态过程后期的性能。一般用稳态误差来衡量，具体指系统稳定后的实际输出与希望输出之间的差值。

### （三）快速性

快速性是就动态过程持续时间的长短而言的，指输出量和输入量产生偏差时，系统消除这种偏差的快慢程度，用于表征系统的动态性能。

由于被控对象具体情况不同，各种控制系统对稳、快、准的要求也有所侧重，应根据实际需求合理选择。例如，随动系统对"快"与"准"要求较高，调节系统则对稳定性要求严格。

对一个系统，稳定、准确、快速性能是相互制约的。提高过程的快速性，可能引起系统的强烈振荡；系统的平稳性得到改善后，控制过程又可能变得迟缓，甚至使最终精度变差。

# 第二节  顺序控制系统

顺序控制是指按预先设定好的顺序使控制动作逐次进行的控制，目前多用成熟的可编程序控制器来完成顺序控制。

图 4-10 是反馈控制系统原理框图，图 4-11 是顺序控制系统原理框图。比较图 4-10 和图 4-11 可看出，反馈控制系统与顺序控制系统的区别是，在反馈系统中有调节盒，而顺序控制系统中没有调节盒。将图 4-11 中的原理框图细化为图 4-12 中的基本概念图。

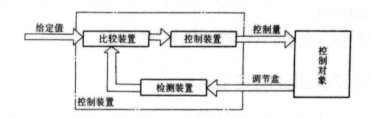

图 4-10  反馈控制系统原理框图

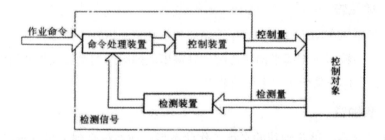

图 4-11  顺序控制系统原理框图

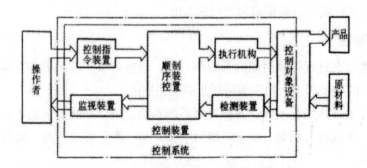

图 4-12  顺序控制系统的基本概念图

## 一、固定程序的继电器控制系统

一般来说，继电器控制系统的主要特点是利用继电器接触器的动合触点（用 K 表示）和动断触点的串、并联组合来实现基本的"与""或""非"等逻辑控制功能。

图 4-13 所示为"与""或""非"逻辑控制图。由图 4-13 可见，触点的串联叫作"与"控制，如 $K_1$ 与 $K_2$ 都动作时 K 才能得电；触点的并联叫作"或"控制，如 $K_1$ 与 $K_2$ 有一个动作 K 就得电；而动合触点 $K_2$ 与动断触点 $K_1$ 互为相反状态，叫作"非"控制。

在继电控制系统中，还常常用到时间继电器（例如延时打开、延时闭合、定时工作等），有时还需要其他控制功能，如计数等。这些都可以用时间继电器及其他继电器的"与""或""非"触点组合加以实现。

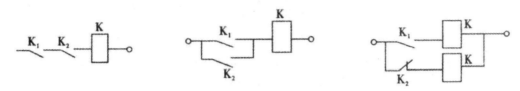

**图 4-13 基本的"与""或""非"逻辑控制图**

## 二、组合式逻辑顺序控制系统

若要克服继电接触器顺序控制系统程序不能变更的缺点，同时使强电控制的电路弱电化，只需将强电换成低压直流电路，再增加一些二极管构成所谓的矩阵电路即可实现。这种矩阵电路的优点在于：一个触点变量可以为多个支路所共用，而且调换二极管在电路中的位置能够方便地重组电路，以适应不同的控制要求。这种控制器一般由输入、输出、矩阵板（组合网络）三部分组成，其结构如图 4-14 所示。

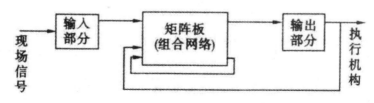

**图 4-14 矩阵控制系统结构**

### （一）输入部分

输入部分主要由继电器组成，用来反映现场的信号，如来自现场的行程开关、按钮、接近开关、光电开关、压力开关以及其他各种检测信号等，并把它们统一转换成矩阵板所能接收的信号送入矩阵板。

## （二）输出部分

输出部分主要由输出放大器和输出继电器组成，其主要作用是把矩阵送来的电信号变成开关信号，用来控制执行机构。执行机构（如接触器、电磁阀等）是由输出继电器动合触点来控制的。同时，输出继电器的另一对动合触点和动断触点作为控制信号反馈到矩阵板上，以便编程中需要反馈信号时使用。

## （三）矩阵板（组合网络）

矩阵板及二极管所组成的组合网络，用来综合信号，对输入信号和反馈信号进行逻辑运算，实现逻辑控制功能。

# 第三节　计算机数字控制系统

计算机控制系统（Computer Numerical Control）是指为各种以电子计算机作为其主要组成部分的控制系统，由于制造过程中被控对象的不同，受控参数千差万别，因此用于制造过程自动化的计算机控制系统有着各种各样的类型。

## 一、计算机数字控制系统的组成及其特点

在计算机数字控制系统中，使用数字控制器代替了模拟控制器，以及为了数字控制器与其他模拟量环节的衔接增加了模数转换元件和数模转换元件，其组成主要有工业对象和工业控制计算机两大部分。工业控制计算机主要由硬件和软件两部分组成，硬件部分主要包括计算机主机、参数检测和输出驱动、输入输出通道（I/O）、人机交互设备等，软件是指计算机系统的程序系统。图 4-15 为计算机数字控制系统硬件基本组成框图。

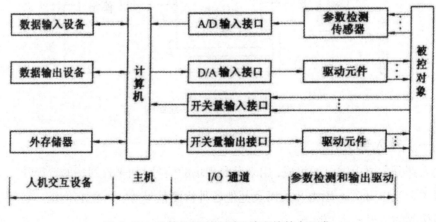

图 4-15　计算机数字控制系统硬件基本组成

## （一）硬件部分

### 1. 计算机主机

这是整个系统的核心装置，它由微处理器、内存储器和系统总线等部分构成。主机对输入反映的制造过程工况的各种信息进行分析、处理，根据预先确定的控制规律，做出相应的控制决策，并通过输出通道发出控制命令，达到预定的控制目的。

### 2. 参数检测和输出驱动

被控对象需要检测的参数一般分为模拟量和开关量两类。对于模拟量参数的检测，主要是选用合适的传感器，通过传感器将待检参数（如位移、速度、加速度、压力、流量、温度等）转换为与之成正比的模拟量信号。

对被控对象的输出驱动，按输出的控制信号形式，分为模拟量信号输出驱动和开关量信号输出驱动。模拟量信号输出驱动主要用于伺服控制系统中，其驱动元件有交流伺服电机、直流伺服电机、液压伺服阀、比例阀等。开关量信号输出驱动主要用于控制只有两种工作状态的驱动元件的运行，如电机的启动/停止、开关型液压阀开启/闭合、驱动电磁铁的通电/断电等。还有一种输出驱动，如对步进电机的驱动，是将模拟量输出控制信号转换成一定频率、一定幅值的开关量脉冲信号，通过步进电机驱动电源的脉冲分配和功率放大，驱动步进电机的运行。

### 3. 输入输出（I/O）通道

I/O通道是在控制计算机和生产过程之间起信息传递和变换作用的装置，也称为接口电路。它包括模拟量输入通道（AI）、开关量输入通道（DI）、模拟量输出通道（AO）、开关量输出通道（DO）。一般由地址译码电路、数据锁存电路、I/O控制电路、光电隔离电路等组成。随着工业控制用计算机的商品化，I/O通道也已标准化、系列化。控制系统设计时，可以根据实际的控制要求，以及实际所采用的工业控制用计算机型号进行选用。

### 4. 人机交互设备

人机交互设备是操作员与系统之间的信息交换工具，常规的交互设备包括CRT显示器（或其他显示器）、键盘、鼠标、开关、指示灯、打印机、绘图仪、磁盘等。操作员通过这些设备可以操作和了解控制系统的运行状态。

## （二）软件部分

计算机系统的软件包含系统软件和应用软件两部分，系统软件有计算机操作系统、监控程序、用户程序开发支撑软件，如汇编语言、高级算法语言、过程控制语言以及它们的汇编、解释、编译程序等。应用软件是由用户开发的，包括描述制造过程、控制过程以及实现控制动作的所有程序，它涉及制造工艺及设备、控制理论及控制算法等各个方面，这与控制对象的要求及计算机本身的配置有关。

计算机控制系统的主要优点是具有决策能力，其控制程序具有灵活性。在一般的模拟控制系统中，控制规律是由硬件电路产生的，要改变控制规律就要更改硬件电路。而在计算机控制系统中，控制规律是用软件实现的，要改变控制规律，只要改变控制程序就可以了。这就使控制系统的设计更加灵活方便，特别是利用计算机强大的计算、逻辑判断和大容量的记忆存储等对信息的加工能力，可以完成"智能"和"柔性"功能。只要能编出符合某种控制规律的程序，并在计算机控制系统上执行，就能实现对被控参数的控制。

实时性是计算机数字控制系统的重要指标之一。实时，是指信号的输入、处理和输出都要在一定的时间（采样时间）内完成，即计算机对输入信息以足够快的速度进行采样并进行处理及输出控制，如这个过程超出了采样时间，计算机就失去了控制的时机，机械系统也就达不到控制的要求。为了保证计算机数字控制系统的实时性，其控制过程一般可归纳为三个步骤。

第一，实时数据采集。对被控参数的瞬时值进行检测，并输入计算机。

第二，实时决策。对采集到的状态量进行分析处理，并按已定的控制规律，决定下一步的控制过程。

第三，实时控制输出。根据决策，及时地向执行机构发出控制信号。

以上过程不断重复，使整个系统能按照一定的动态性能指标工作，并对系统出现的异常状态及时监督和处理。对于计算机本身来讲，控制过程的三个步骤实际上只是反复执行算术、逻辑运算和输入、输出等操作。

## 二、计算机数字控制系统的分类

计算机在制造过程中的应用目前已经发展到了多种形式，根据其功能及结构特点，一般分为数据采集处理系统、直接数字控制系统（DDC）、监督控制系统（SCC）、分布控制系统（DCS）、现场总线控制系统（FCS）等几种类型。

### （一）数据采集处理系统

在计算机的管理下，定时地对大量的过程参数实现巡回检测、数据存储记录、数据处理（计算、统计、整理等）、进行实时数据分析以及数据越限报警等功能。严格地讲，它不属于计算机控制，因为在这种应用中，计算机不直接参与过程控制，所得到的大量统计数据有利于建立较精确的数学模型，以及掌握和了解运行状态。

### （二）直接数字控制系统（Direct Digital Control，DDC）

如图 4-16 所示，计算机通过测量元件对一个或多个物理量进行巡回检测，经采样和 A/D 转换后输入计算机，并根据规定的控制规律和给定值进行运算，然后发出控制信号直接控制执行机构，使各个被控参数达到预定的要求。控制器常采用的控制算法有离散 PID 控制、前馈控制、串级控制、解耦控制、最优控制、自适应控制、鲁棒控制等。

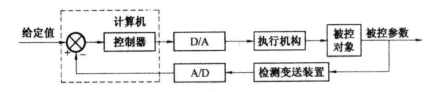

图4-16　计算机直接数字控制系统结构

## （三）监督控制系统（Supervisory Computer Control，SCC）

在 DDC 系统中，计算机是通过执行机构直接进行控制的，而监督控制系统则由计算机根据制造过程的信息（测量值）和其他信息（给定值等），按照制造系统的数学模型，计算出最佳给定值，送给模拟调节器或 DDC 计算机控制生产过程，从而使制造过程在最优的工况下运行。

监督控制系统有两种不同的结构形式：一种是 SCC+ 模拟调节器，另一种是 SCC+DDC 控制系统。其构成分别如图 4-17 和图 4-18 所示。

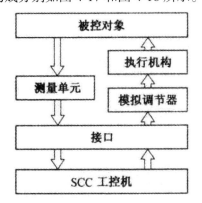

图4-17　SCC+ 模拟调节器的控制系统结构

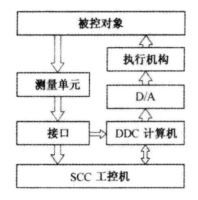

图4-18　SCC+DDC 的控制系统结构

## （四）分布式控制系统（Distributed Control System，DCS）

在生产中，针对设备分布广，各工序、设备同时运行这一情况，分布式控制系统采用若干台微处理器或微机分别承担不同的任务，并通过高速数据通道把各个生产现场的信息集中起来，进行集中监视和操作，以实现高级复杂规律的控制，其又称集散式控制系统，其结构如图 4-19 所示。

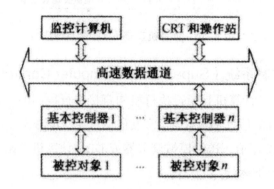

图 4-19　分布式控制系统结构

该控制系统的特点如下：

第一，容易实现复杂的控制规律。

第二，采用积木式结构，构成灵活，易于扩展。

第三，计算机控制和管理范围的缩小，使其应用灵活方便，可靠性高强。

第四，应用先进的通信网络将分散配置的多台计算机有机联系起来，使之相互协调、资源共享和集中管理。

## 三、计算机数字控制系统实例

### （一）数字计算机控制的轧钢机调节系统

实际上所有现代化的轧钢机都是由数字计算机调节和控制的，图 4-20 为该系统的基本原理。图 4-21 表示系统厚度控制的框图，其中 D/A 为数模转换，A/D 为模数转换。

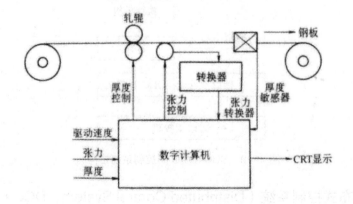

图 4-20　轧钢机调节系统的基本原理

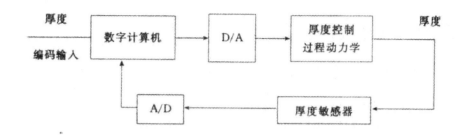

图 4-21　轧钢机调节系统厚度控制系统

## （二）步进电动机控制系统

图 4-22 所示的系统是用来控制计算机记忆磁盘读写头的。该系统不需用 A/D 和 D/A 转换器来使信号匹配，磁头驱动器系统中使用的驱动装置是由脉冲指令驱动的步进电动机，产生一个脉冲，步进电动机就转动一个固定的位移增量，然后磁头根据这个固定的位移增量读写磁盘的内容。因此，这个系统可以看作全数字化系统。

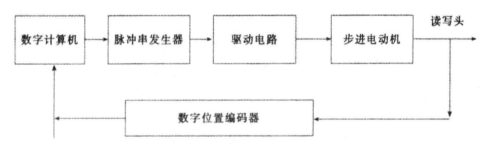

图 4-22　步进电动机控制系统

# 第四节　自适应控制系统

## 一、自适应控制的含义

在对象参数和扰动为未知或者随时间变化的条件下，如何设计一个控制器，使系统运行在某种意义下的最优或近似最优状态，这就是自适应控制所要解决的问题。如果把系统未知参数作为附加的状态变量，则状态后的系统方程就总是非线性的。因此，自适应控制所要解决的问题，实际上可表述为一个特殊的非线性随机控制问题。非线性随机控制的解法是极其复杂的，为了获得某种实用解法必须对它做出近似。自适应控制技术即是这种近似的设计方法。

## 二、自适应控制的基本内容

### （一）模型参考自适应控制

所谓模型参考自适应控制，就是在系统中设置一个动态品质优良的参考模型，在系统运行过程中，要求被控对象的动态特性与参考模型的动态特性一致，如要求状态一致或输出一致。典型的模型参考自适应系统如图 4-23 所示。

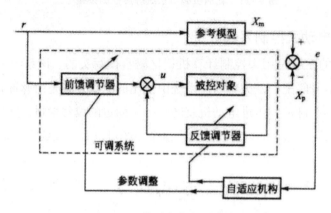

图 4-23　模型参考自适应控制系统

### （二）自校正控制

自校正控制的基本思想是，当系统受到随机干扰时，将参数递推估计算法与对系统运行指标的要求结合起来，形成一个能自动校正的调节器或控制器参数的实时计算机控制系统。首先读取被控对象的输入 $u(t)$ 和输出 $y(t)$ 的实测数据，用在线递推辨识方法，辨识被控对象的参数向量 $\theta$ 和随机干扰的数学模型。按照辨识求得的参数向量估值 $\theta$ 和对系统运行指标的要求，随时调整调节器或控制器参数，给出最优控制 $u(t)$，使系统适应本身参数的变化和环境干扰的变化，处于最优的工作状态。典型的自校正控制如图 4-24 所示。

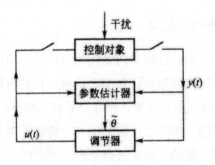

图 4-24　自校正控制

## 三、自适应控制系统的应用

在制造业中，所谓自适应性控制就是为使加工系统顺应客观条件的变化而进行的自动调节控制，图 4-25 为具有这种自适应性控制功能的加工系统框图。

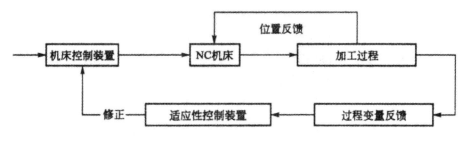

图 4-25　自适应性控制功能的加工系统

由图 4-25 可知，这种系统包括两种反馈系统：一种是闭环控制数控机床本身带有的位置环控制回路；另一种则是根据需要在加工过程中检测某些反映加工状态的过程变量信息，并将这种信息反馈给适应性控制装置，由其产生调节指令，以改变系统的某些功能与切削参数，最大限度地发挥机床的效能，降低生产成本。

# 第五节　DNC 控制系统

## 一、DNC 控制系统的概念

DNC 最早的含义是直接数字控制（Direct Numerical Control），指的是将若干台数控设备直接连接在一台中央计算机上，由中央计算机负责 NC 程序的管理和传送。它解决了早期数控设备因使用纸带而带来的一系列问题。

目前，DNC 已成为现代化机械加工车间的一种运行模式，它将企业的局域网与数控加工机床相连，实现了设备集成、信息集成、功能集成和网络化管理，达到了对大批量机床的集中管理和控制，成为 CAD/CAM 和计算机辅助生产管理系统集成的纽带。数控设备上网已经成为现代制造系统发展的必然要求，上网方式通常有两种：一是通过数控设备配置的串口（RS-232 协议）接入 DNC 网络，二是通过数控设备配置的以太网卡（TCP/IP 协议）接入 DNC 网络。流行且实用的方式是通过在数控设备的 RS-232 端连接一个 TCP/IP 协议转换设备，将 RS-232 协议转换成 TCP/IP 协议入网，如图 4-26 所示，这种方式简单、方便、实用，具有许多优点，但从本质上讲它还是 RS-232 串口模式。

采用局域网通信方式大大提高了 NC 程序管理的效率，同时通过 TCP/IP 通信协议进行网络通信的局域网模式即将成为一种普及的方式，其系统连接如图 4-27 所示。但就数控技术的发展现状而言，全面实施局域网式 DNC 还有相当一段距离，目前还是以串口（RS-232 协议）接入 DNC 网络为主。

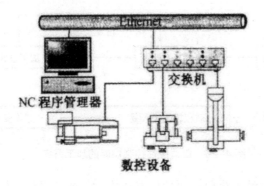

图 4-26　串行通信 RS-232 的 DNC 网络结构

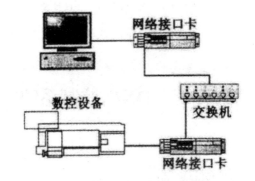

图 4-27　局域网式 DNC 系统结构

## 二、DNC 控制系统的构成

随着数控技术、通信技术、控制技术、计算机技术、网络技术的发展，"集成"的思想和方法在 DNC 中占有越来越重要的地位，"集成"已成为现代 DNC 的核心。鉴于此，提出了集成 DNC（简称 IDNC）的概念，图 4-28 反映了现代 DNC 控制系统的相关情况。

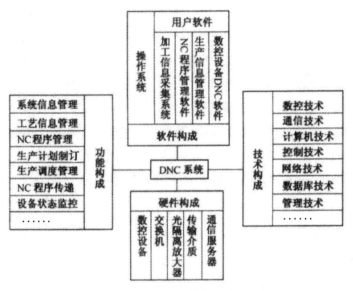

图 4-28　DNC 控制系统的构成

# 三、典型 DNC 系统的主要功能

## （一）程序双向通信功能

一般 DNC 系统常采用客户／服务器结构，利用 RS-232 接口的通信功能或以太网卡控制功能，在数控设备端进行数据的双向传输等全部操作，可实现按需下载和按需发送，服务器端实现无人值守、自动运行。每台 DNC 计算机可管理多达 256 台数控设备，且支持多种通信协议，适应各种设备的通信要求（RS-232/422/485.TCP/IP，甚至特定的通信协议）。双向通信中一般还要求具有字符和字符串校验、文件的自动比较、数据的异地备份、智能断点续传的在线加工以及数控端的每项操作都有反馈消息（成功、失败、错误、文件不一致等）等功能。

## （二）信息采集功能

传统的 DNC 系统只注重 NC 程序的传输与管理，而现代化的数控设备管理是将数控设备作为一个信息的节点纳入企业集成信息化的管理中，实时、准确、自动地为整个信息系统提供相应的数据，并实现管理层与执行层信息的交流和协同工作。

目前，DNC 系统实现信息采集方式主要有以下几种。

第一种是 RS-232 协议的串口模式。一般数控系统都配置有 RS-232 串口，因此只要数控系统具有 I/O 变量输出功能，即可实现信息采集。这种方式无须数控设备增加任何硬件和修改 PLC，因此，对各种数控系统实现信息采集具有普遍性。

第二种是 TCP/IP 协议的以太网模式。随着技术的发展，数控设备配置以太网功能已是大势所趋，而以太网方式的信息采集内容更加丰富，是未来的发展方向。

第三种是各种总线模式。此种模式需要专用的通信协议和专用的硬件，且需要修改数控系统的 PLC，需要得到数控系统厂商的技术支持，这种方式的网络只适用于同类型数控系统且管理模式单一的网络系统，因此，不具有通用性的发展意义。

DNC 系统具备信息采集功能，其目的主要有两方面：一是实现对数控设备的实时控制；二是实现生产信息的实时采集与数据的查询。前者要做到，控制数控设备上的程序修改，非法修改后，设备不能启动；控制数控设备上的刀具寿命，超过寿命后未换刀，设备不能启动。后者应实现，设备实际加工时间统计、实际加工数量统计、停机统计、设备加工 / 停机状态的实时监测、设备利用率统计、设备加工工时统计等。

### （三）与生产管理系统的集成功能

传统的 DNC 程序管理属于自成一体，单独使用，其数控程序传递到数控设备的方式为按需下载模式，即操作人员在需要的时候通过 DNC 网络下载需要的数控程序，其优点是操作人员下载程序方便、灵活、自由度高；缺点是容易下载到错误的程序，不能按照生产任务的派产情况进行程序的下载。目前的 DNC 系统既可以做到程序的按需下载，同时也可以做到通过与生产管理系统、信息采集系统进行无缝集成的方式，实现数控程序的按需发送。其优点是操作工只能下载到当前已经排产的数控程序，而不会下载到错误的程序，可以严格执行生产任务安排，防止无序加工；缺点是操作人员下载程序的灵活性降低。

### （四）数控程序管理功能

数控程序是企业非常重要的资源，DNC 可以实现对 NC 程序进行具备权限控制的全寿命管理，从创建、编辑、校对、审核、试切、定型、归档、使用直到删除。具体包括 NC 程序内容管理、版本管理、流程控制管理、内部信息管理、管理权限设置等功能。

1. 内容管理

内容管理包括程序编辑、程序添加、程序更名、程序删除、程序比较、程序行号管理、程序字符转换、程序坐标转换、加工数据提取、程序打印、程序模拟仿真。

2. 版本管理

DNC 系统中，按照一定的规范设计历史记录文件格式和历史记录查询器，每编辑一次 NC 程序，将编辑前的状态保存在这个记录文件中，以方便用户进行编辑追踪。

3. 流程控制管理

NC 程序的状态一般分为编辑、校对、审核、验证、定型五种，具体管理过程如下：NC 程序编辑完成后，提请进行程序校对，以减少错误，校对完成后，提交编程主管进行审核，审核通过后开始进行试加工，在此过程中可能还需要对 NC 程序进行编辑修改，修改完成后再审核，直到加工合格后，由相关人员对程序内容和配套文档做整理验证，验证完成后提请主管领导定型，定型后的程序供今后生产重复使用。

4. 内部信息管理

内部信息管理主要指对 NC 程序内部属性进行管理，如程序号、程序注释、轨迹图号、零件图号、所加工的零件号、加工工序号、机床、用户信息等，还包括对加工程序所用刀具清单、工艺卡片等进行管理。

5. 管理权限设置

用户权限管理主要是给每个用户设置不同的 NC 程序管理权限，以避免自己或别人对 NC 程序进行误编辑，做到责任分清。

### （五）与 PDM 系统集成功能

目前，能够满足企业各方面应用的 PDM 产品应具有以下功能：文档管理、工作流程和过程管理、产品结构与配置管理、查看和批注、扫描和图像服务、设计检索和零件库、项目管理、电子协作等。

数控程序从根本上讲属于文档资料的范畴，可以使用 PDM 系统进行管理，但由于数控程序的特殊性，它的使用对象不仅限于工艺编程与管理人员在企业局域网上使用，更重要的且最终使用对象是数控设备，且使用过程中需要不断地与数控机床进行数据交换，因此，只有使 DNC 与 PDM 系统进行无缝集成，才能使 PDM 系统更加灵活地管理数控程序文件。

# 第六节　多级分布式计算机控制系统

## 一、多级分布式计算机控制系统的结构和特征

随着小型、微型计算机的出现，逐渐形成了计算机网络系统，其功能犹如一台大型计算机，而且在众多方面优于单一的大型计算机系统。制造业中有许多任务要处理数字式输入和输出信号，这些任务由微型机和小型机完成是非常合适的。计算机系统设计者详细分析工厂控制这一复杂系统时往往会发现，这些系统能够进一步划分成模块化的子系统，由小型或微型计算机分别对它们进行控制，每台计算机完成总任务中的一个或多个功能模块，于是引入了所谓的多级分布式计算机控制系统，或称递阶控制系统。

在计算机多级控制系统中，计算机形成一个像工厂（企业、公司）管理机构一样的塔形结构，其一般结构如图 4-29 所示。

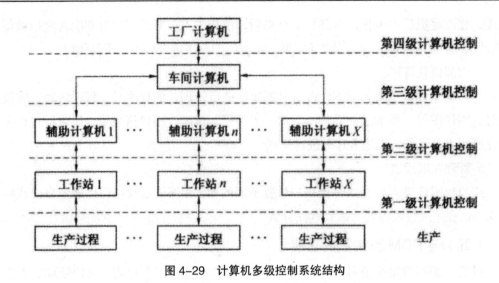

图 4-29　计算机多级控制系统结构

多级系统中的各种计算机由许多通信线路连接在一起，通过通信线路形成的信息通道，既向上传送数据和状态，也将各种命令等从上向下传送到各个生产设备。

在多级系统中，数据处理通常采用分布式的。即重复的功能和控制算法，诸如数据的收集、控制命令的执行等直接控制任务，由最低一级来处理。反之，总任务的调度和分配、数据的处理和控制等则在上一级完成。这种功能的分散，主要好处集中表现在提高最终控制对象的数据使用率，并减少由于硬件、软件故障而造成整个系统失效的事故。

## 二、多级分布式计算机控制系统的互联技术

### （一）多级分布式计算机系统的局域网络（Local Area Network，LAN）

随着多级系统的发展和自动化制造系统规模的不断扩大，如何将各级系统有机地连接在一起，就很自然地提出了所谓的网络要求。局域网络正是能满足这种要求的网络单元，它可以将分散的自动化加工过程和分散的系统连接在一起，可以大大改善生产加工的可靠性和灵活性，使之具有适应生产过程的快速响应能力，并充分利用资源，提高处理效率。网络技术成为多级分布式计算机控制系统的关键技术之一。

一般来说，局域网络由以下几部分组成：双绞线、同轴电缆或光纤作为通信媒介的通信介质，以星形、总线形或环形的方式构成的拓扑结构，网络连接设备（网桥、集成器等），工作站，网络操作系统，以及作为网络核心的通信协议。

图 4-30 为适用于中小型企业的局域网络工业控制系统结构图。该系统网络结构由上下两层以太网（Ethernet）组成，采用 TCP/IP 通信协议，利用 TCP/IP 提供的进程间通信服务进行异种机进程间实时通信，快速地在控制器与设备间进行报文交换，达到

实时控制的目的。上下两层局域网时间用网桥互联，图中的工作站既是生产设备的控制器，又起到设备入网的连接作用。生产设备与工作站之间可通过 RS-232 接口进行点对点通信。

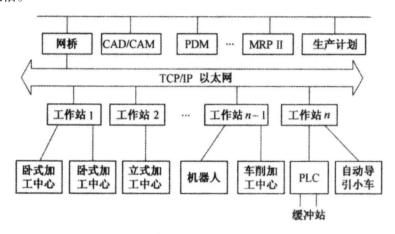

图 4-30　局域网络工业控制系统

## （二）多级分布式计算机系统点对点通信

点对点通信是把低层设备与其控制器直接相连后实现信息交换的一种通信方式，在分布式工业控制系统中用得很多，其原因主要如下：

1. 分布式工业控制系统中有许多高档加工设备，如各种加工中心、高精度测量机等，它们都在单元控制器管理下协调地工作，因此需要把它们和单元控制器连接起来。一般有两种连接方法：第一种方法是通过局域网互联，对于具有联网能力的加工设备可以采用这种方法；第二种方法是把设备用点—点链路与控制器直接连接。两种连接方法如图 4-31 所示。目前，具有网络接口功能的设备还不是很多，因此大多采用第二种方法。

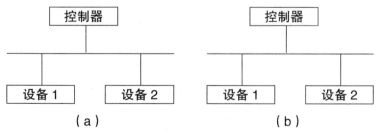

（a）局域网连接方式；（b）点点连接方式

图 4-31　设备与控制器连接方式

2. 点对点通信所需费用低，易于实现，几乎所有的低层设备及计算机都配备有串行通信接口，只要用介质把接口正确连接起来就建立了通信的物理链路。因此这种方法比用局域网所需费用低很多，实现起来也很简单。

点对点通信物理接口标准化工作进行得较早，效果也最显著，使用最广泛的是由美国电子工业协会（EM）提出的 RS-232C 串行通信接口标准，它规定用 25 针连接器，并定义了其中 20 根针脚的功能，详细功能可查阅手册。具体使用 RS-232C 时，常常不用全部 20 条信号线而只是取其子集。例如计算机和设备连接时，由于距离较短，不需调制解调器（MODEM）作为中介，只要把其中的三个引脚互联，如图 4-32 所示，其中的 TXD 是数据发送端，RXD 是数据接收端，SG 是信号地。在规程方面，RS-232C 可用于单向发送或接收以及半双工、全双工等多种场合，因此 RS-232C 有许多接口类型。对应于每类接口，规定了相应的规程特性，掌握这些规程特性，对于接口的正确设计与正常工作是至关重要的。

RS-232C 为点对点通信提供了物理层协议，但这些协议都是由厂家或用户自行规定的，因此兼容性差。例如，若单元控制器直接连接两台不同厂家的设备，那么在控制器中就要开发两套不同的通信驱动程序才能分别与两台设备互联通信，这种不兼容性造成低层设备通信开支的浪费。因此点对点通信协议的标准化、开发或配置具有直接联网通信接口的低层设备已成为用户的迫切要求。

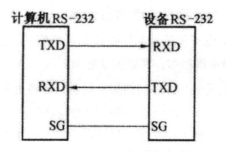

图 4-32　计算机与设备互联

### （三）制造自动化协议（MAP）

MAP 是基于 ISO 的开放系统互联 OSI 基本参考模型形成的，有七层结构，MAP 3.0 与 OSI 的兼容性更好，图 4-33 是 MAP 的协议结构，由于实时要求，局域网的 MAC 协议选用 802.4 的 Token Bus，网络层选用无连接型网络服务。

制造信息规范（Manufacturing Message Specification，MMS）是自动化制造环境中一个极为重要的应用层协议，由于控制语言是非标准化的，造成即使具有标准的网络通信机制，不同生产厂商的设备仍无法交换信息，因而迫切需要一种"行规"来解决不同类型设备、不同厂商的产品进行统一管理、控制和操作，MMS 就是为此而制定的。

| FTAM | MMS |
|---|---|
| CASE | |
| ACSE | |
| ISO 表示层 | |
| ISO 会话层核心 | |
| ISO 传输层第 4 类协议 | |
| ISO 网间互联协议 | |
| 802.2LLC1 | |
| 802.4 标记总线 | |

图 4-33　MAP 协议参考模型

# 第五章　起重机械

# 第一节　起重机的通用部分

## 一、取物装置

取物装置是起重机械上用来攫取物品的重要部件。为使起重机械能够高效率和安全地工作，取物装置应满足操作时间短、工作安全可靠、自身重量小、构造简单、成本低廉等要求。取物装置可分为通用和专用两种。通用取物装置有吊钩及吊环，专用取物装置有抓斗、起重电磁铁及专用吊具等。

取物装置按吊运的物料类型可分为以下三种类型。

第一类，用于吊装成件货物，如吊钩、夹钳及集装箱的专用吊具。

第二类，用于吊装散装物料，如抓斗、起重电磁铁及料斗等。

第三类，用于吊装液态物品，如桶、缸及特种容器等。

### （一）吊钩

吊钩是取物装置中使用最为广泛的一种，它具有制造简单和适用性强的特点。

1. 吊钩的分类

（1）按制造方法可分为锻造吊钩和片式吊钩（俗称"板钩"）

锻造吊钩一般选用强度较高、韧性较好的20号优质碳素钢，经锻造和冲压之后退火处理，再进行机械加工而成。片式吊钩一般用于大吨位或受强烈灼热的场所，通常选用16mn或Q235等普通碳素钢或低合金钢制造，它通常是用厚度不小于20mm的成型板片铆合制成。

（2）按钩柱的长短，又可分为长钩和短钩

吊钩与滑轮组的动滑轮组组成吊钩组，吊钩组有长型和短型两种。长型吊钩组采用较短钩柄的短吊钩支承在吊钩横梁上，滑轮支承在单独的滑轮轴上，它的高度较大，使有效起升高度减小。短型吊钩组一般是滑轮直接装在吊钩横梁上，使整体高度大大减小，使有效起升高度增大。

（3）按吊钩形状的不同，又可分为单钩和双钩两种

单钩的优点是制造与使用比较方便，主要用于较小的起重量；双钩的受力比较好、重量轻，可以用于较大的起重量。

2.吊钩的危险断面

吊钩的危险断面是日常检查和安全检验时的重要部位，经过对吊钩的受力分析得出吊钩有以下危险断面。以图 5-1 单钩为例进行说明，吊钩上吊挂的重物重量为 Q。

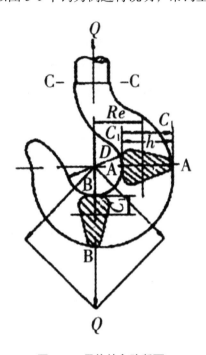

图 5-1　吊钩的危险断面

（1）B-B 断面

由于重物的重量通过钢丝绳作用在这个断面上，此作用力有把吊钩切断的趋势，在该断面上产生剪切应力。又由于该处是钢丝绳索具或辅助吊具的吊挂点，索具等经常对此处摩擦，该断面会因磨损而使其横截面积减小，从而增大剪断吊钩的危险。

（2）C-C 断面

由于重物重量 Q 的作用，在该面上这个作用力有把吊钩拉断的趋势，这个断面位于吊钩柄柱螺纹的退刀槽处，该断面为吊钩最小断面，有被拉断的危险。

（3）A-A 断面

吊钩在重物重量 Q 的作用下，除了产生拉、切应力之外，还有把吊钩拉直的趋势。如图 4-1 所示的吊钩中，中心线右边的各断面除受拉伸之外，还受到一个弯矩的作用。在弯矩作用下，A-A 断面的内侧产生弯曲拉应力，外侧产生弯曲压应力。A-A 断面的内侧受力为 Q 力的拉应力和弯矩的拉应力叠加，外侧则为 Q 力的拉应力与弯矩的压应

力叠加，这样内侧应力将是两部分拉应力之和，外侧应力将是两应力之差，即内侧应力将大于外侧应力，这就是把吊钩断面做成内侧厚、外侧薄的梯形或"T"字形断面的原因。

3. 吊钩的安全技术要求

吊钩广泛地应用在各种类型的起重机械中，目前使用的吊钩是按《起重吊钩》标准系列的技术要求来制造和使用检查。

（1）吊钩的安全检查

在用起重机的吊钩应根据使用状况定期进行检查，至少每半年检查一次，并进行清洗润滑。吊钩一般的检查方法是：先用煤油清洗吊钩钩体，然后用 20 倍放大镜检查钩体是否有疲劳裂纹，尤其要对危险断面进行仔细检查；对板钩的衬套、销轴、轴孔、耳环等检查其磨损情况；检查各紧固件是否松动。某些大型的、工作级别较高或使用在重要工况环境的起重机的吊钩，还应采用无损探测法检查吊钩内、外部是否存在缺陷。

新投入使用的吊钩要认明钩件上的标记、制造单位的技术文件和出厂合格证。投入使用前，应根据标记进行负荷试验，确认合格后才允许使用。检验方法是：以递增方式，逐步将载荷增至额定载荷的 1.25 倍，吊钩负载时间不少于 10min。卸载后吊钩不得有裂纹及其他缺陷，其开口度变形不应超过原始尺寸的 10%。使用后有磨损的吊钩也应做递增的负荷试验，重新确定使用载荷值。

（2）吊钩的报废标准

不准使用铸造吊钩。吊钩应固定牢靠，转动部位应灵活，钩体表面光洁，无裂纹、剥裂及任何有损伤钢丝绳的缺陷。钩体上的缺陷不得焊补。为防止吊具自行脱钩，吊钩上应设置防止意外脱钩的安全装置。

锻造吊钩出现以下情况之一时应予以报废：

①吊钩表面有裂纹时；

②吊钩危险断面磨损量达原尺寸的 5% 时；

③吊钩开口度超过原始尺寸的 10% 时；

④吊钩扭转变形超过 10° 时；

⑤吊钩危险断面或吊钩颈部产生塑性变形时；

⑥吊钩钩柄直径腐蚀大于原始尺寸的 5% 时；

⑦吊钩的缺陷有焊补时。

片式吊钩出现下列情况之一时应予以报废：

①表面有裂纹时；

②吊钩的危险断面及钩颈处有变形；

③危险断面及总磨损量达原尺寸的 5% 时；

④片式吊钩轴套和钩口护板、防碰护板的磨损量超过原始尺寸的 5% 时；

⑤片式吊钩的缺陷有焊补时。

## （二）抓斗

### 1. 抓斗的基本结构

抓斗是一种由机械或电动控制的自行取物装置，主要用于装卸散粒物料。若对抓斗颚板进行必要改造，抓斗还可用于装卸原木等其他的物料。

抓斗在工作中，具有斗的升降和开闭两种动作。抓斗的起升机构和开闭机构设置于斗外时称为绳索式抓斗。起升机构和开闭机构合并时称为单绳抓斗，起升机构和开闭机构分开设置时称为双绳抓斗。抓斗的开闭机构设置在抓斗内时，通常采用一台电动葫芦或电动绞车来操纵开闭，这种抓斗称为电动抓斗。

抓斗一般由两个颚板、一个下横梁、四个支撑杆和一个上横梁组成。

双绳抓斗由两个独立的卷筒分别驱动开闭绳和支持绳来完成张斗、下降、闭斗和提升等四个动作。

电动抓斗的升降是由起重机的起升机构来完成的，抓斗的开闭则是安装在抓斗内的上横梁下方的电动葫芦或电动绞车来实现的。

抓斗式起重机的起重量为抓斗自重与被抓取物料重量之和。

### 2. 抓斗的安全技术要求

（1）刃口板检查，发现裂纹应停止使用，有较大变形或严重磨损的刃口板应修理或更新。（2）铰链销轴应做定期检查，当销轴磨损超过原直径的 10% 时，应更换销轴；当衬套磨损超过原厚度的 20% 时，应更换衬套。（3）抓斗闭合时，两水平刃口和垂直刃口的错位差及斗口接触处的间隙不得大于 3mm，最大间隙处的长度不应大于 200mm。（4）抓斗张开后，斗口不平行差不得超过 20mm。（5）抓斗起升后，斗口对称中心线与抓斗垂直中心线应在同一垂直面内，其偏差不得超过 20mm。（6）双绳抓斗更换钢丝绳时，应注意两套钢丝绳的捻向应相反，以防升降和开闭时钢丝绳在运行过程中互相缠绕或使抓斗回转摆动。

## （三）起重电磁铁

起重电磁铁亦称电磁吸盘，是靠磁力吸取导磁物品的取物装置，对于具有导磁性的黑色金属（如钢铁）及其制品，采用起重电磁铁作为取物装置，可以大大缩短钢铁材料及其制品的装卸时间和减轻装卸人员的劳动强度，因而起重电磁铁在冶金工厂、机械工厂、冶金专用码头及铁路货场应用较多。

起重电磁铁作为起重机械的取物装置的缺点是自重大，安全性能较差，并且受温度及物料中锰、镍含量的影响较大。同时，起重电磁铁的起重能力与物料的形状和尺寸有关。

起重电磁铁由外壳、线圈、外磁极、内磁极和非磁性锰钢板构成。

起重电磁铁安全技术要求：（1）每班使用前必须检查起重电磁铁电源的接线部位和电源线的绝缘状态是否良好，如有破损应立即进行修复或更换；（2）起重电磁铁的外壳与起重机应有可靠的电气连接；（3）起重电磁铁的供电电路应与起重机主回路分开；（4）吊运温度高于200℃的钢铁物料，应使用专用的高温起重电磁铁；（5）起重电磁铁在吊运物料，特别是吊运碎钢铁时，不允许在人和设备的上方通过；（6）电磁铁式起重机要装设断电报警装置，以便操作人员在供电电源断电后及时采取防范措施；（7）为防止断电时物料坠落，电磁铁式起重机需要配有备用电源。

### （四）专用吊具

专用吊具属于专用取物装置。用于吊运成件物品的专用吊具，按其夹紧力产生方式的不同，可分为杠杆夹钳、偏心夹钳和它动夹钳三大类。

杠杆夹钳的夹紧力是由物料自重通过杠杆原理产生的，因此，当钳口距离保持不变时，夹紧力与吊物自重成正比，从而能可靠地夹持货物。

偏心夹钳的夹紧力是由物料自重通过偏心块和物料之间的自锁作用而产生的。

它动夹钳的夹紧力是依靠外部加力，通过螺旋机构产生的，它与物料的自重和尺寸大小无关。

吊具的安全技术检查：（1）使用前应检查铰接部位的杠杆有无变形、裂纹；（2）对转动部位的轴、销进行定期检查和润滑，如有较大的松动、磨损、变形等，应及时予以修理和更换；（3）新投入使用的吊、夹具应进行负载试验，经检验合格后才能允许使用。

### （五）吊环

吊环是吊装作业中的取物工具，一般是用20Mn钢（优质碳素钢）或16Mn钢（低碳合金钢）制造。吊环不仅是起重机械上的部件，而且可与钢丝绳、链条等组成各种吊具，在起重作业中取物方便、安全可靠。

吊环使用的安全技术要求：（1）吊环使用时必须注意其受力情况，垂直受力情况为最佳，纵向受力稍差，严禁横向受力；（2）吊环螺纹在旋转时必须拧紧，最好用扳手或圆钢用力扳紧，防止由于未拧紧而吊索受力时打转，使物体脱落，造成事故；（3）吊环在使用中如发现螺纹太长，须加垫片，然后再拧紧后方可使用；（4）使用两个吊环工作时，两个吊环环面的夹角不得大于90°。

## 二、制动器

起重机械的各机构中，制动装置是用来保证起重机能准确、可靠和安全运行的重要部件。起升机构的制动装置保证了吊物停止位置，并且在起升机构停止运行后能使吊物保持在该位置，起到阻止重物下落的作用。运行机构及其他机构的制动装置除用来实现停车及保持在停留位置外，在某些特殊情况下，还可根据工作需要实现降低或调节机构运行速度。

制动装置通常由制动器、制动轮和制动驱动装置组成。它是通过摩擦原理来实现机构制动的。当设置在静止底座上的制动器的摩擦部件以一定的作用力压向机构中某一运行转轴上的被摩擦部件时，两接触面间产生的摩擦力对转动轴线产生了摩擦力矩，这个力矩通常称为制动力矩。当制动力矩与吊物重量或运行时的惯性力产生的力矩平衡时，即达到了制动要求。

起重机采用的制动器是多种多样的。制动器按结构特性可分为块式、带式和盘式三种。其中块式制动器在卷扬式起重机中广泛使用，盘式制动器多用于电动葫芦的制动及电动葫芦类型起重机的大、小车运行机构的锥形电动机中。制动器按工作状态可分为常闭式和常开式两种。常闭式制动器在制动装置静态时处于制动状态。起重机械在起升、变幅、运行和旋转机构都必须装设制动器。起升机构和变幅机构设置的制动器必须是常闭式的。

吊运炽热金属或易燃、易爆等危险品，以及发生事故后可能造成重大危险或损失的起升机构的每一套驱动装置都应装设两套制动器。

## （一）制动器的类型结构

桥式类型起重机上采用的制动器通常由制动器架和驱动装置组成。制动器架由带有制动瓦的左、右制动臂以及主弹簧、辅助弹簧、拉杆、杠杆角板，制动间隙调整装置和底座等组成。

根据驱动装置的不同，制动器可分为短行程电磁铁瓦块式制动器、长行程电磁铁瓦块式制动器、液压推杆瓦块式制动器和液压电磁铁瓦块式制动器等。

制动器工作原理是：驱动装置未动作时，制动臂上的瓦块在主弹簧张力的作用下，紧紧抱住制动轮，机构处于停止状态。驱动装置动作时产生的推动力推动拉杆，并使主弹簧被压缩，同时使左、右制动臂张开，使左、右制动瓦块与制动轮分离，制动轮被释放。当驱动装置失去动力后，主弹簧复位的同时带动左、右制动臂及制动瓦块压向制动轮，从而使机构的制动轮连同轴一起停止运行，达到制动目的。

1.短行程电磁铁瓦块式制动器

短行程电磁铁瓦块式制动器的结构如图 5-2 所示，其驱动装置为单相电磁铁（MZD1 系列）。

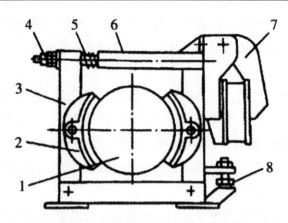

1.制动轮；2.制动瓦块；3.制动臂；4.调整螺母；5.副弹簧；6.拉杆；7.电磁铁；8.调整螺栓

**图5-2 短行程电磁铁瓦块式制动器结构**

短行程电磁瓦块式制动器的工作原理是：当装有制动器的机构工作时，机构的电动机同时与其并接的制动电磁铁线圈一起接通电源，电磁铁线圈产生的磁力将衔铁吸合，绕铰点做顺时针方向转动，顶着推杆向左移动，迫使主弹簧进一步压缩。当电磁铁的吸力与弹簧的压力平衡时，在辅助弹簧的张力及电磁铁自重的偏心力矩作用下，使左、右制动臂张开，带动制动臂上的制动瓦块与制动轮分离，机构在电动机转矩作用下转动运行。当切断电源时，电动机和电磁铁线圈同时断电，从而失去磁力，在主弹簧张力的作用下，推杆、制动臂、制动瓦块做反方向运动，制动瓦块抱住制动轮，使机构停止转动。

短行程电磁铁瓦块式制动器的优点是：衔铁行程短，制动器重量轻，结构简单，便于调整。缺点是：由于动作迅速，吸合时的冲击直接作用在制动器上，容易使螺栓松动，导致制动器失灵；产生的惯性力较大，使桥架剧烈振动。

2. 长行程电磁铁瓦块式制动器

它的驱动装置是三相电磁铁（MZS1系列）。电磁铁通过杠杆系统来推动杠杆角板，带动制动臂和制动瓦块动作。与短行程电磁铁制动器相比，在结构上有所改进，除了弹簧产生的制动力矩之外，还有一套杠杆系统用来增大制动力矩，制动效果较好。

长行程电磁铁瓦块式制动器的工作原理是：通电时，电磁铁吸起水平杠杆，带动主杆向上运动，迫使杠杆角板动作，两个制动臂分别向左、右运动，带动制动瓦块松开制动轮。电磁铁断电时，主弹簧伸张，弹簧带动套板向右移动，使杠杆角板做顺时针转动，使左、右制动臂带着制动瓦块抱住制动轮。

长行程电磁铁瓦块式制动器的优点是：制动力矩稳定，安全可靠。缺点是：增加了一套杠杆系统，因此在制动时冲击惯性较大，振动和声响也较大，由于铰点较多，容易磨损，需要经常调整。

3. 液压推杆瓦块式制动器

它的驱动装置为液压推杆装置，其制动力也是来自主弹簧。液压推杆瓦块式制动器工作原理是：当机构电动机通电时，驱动装置的电动机也通电，使电动机轴上的叶轮旋转，叶轮腔体内的液体在离心力作用下被挤出来，这些具有一定压力的液体作用在活塞的下部，推动活塞上升，同时推动导向杆上升，使制动器架的制动臂带动制动瓦块，在杠杆逆时针回转时一起动作，使制动瓦块与制动轮分离。当机构断电时，机构主电动机与制动驱动电动机同时断电，叶轮停止转动，活塞下部的液体失去压力，在主弹簧张力的作用下使推杆向下运动，制动瓦块又将制动轮抱住，达到制动目的。

液压推杆瓦块式制动器的优点是：具有启动与制动平稳，无噪声，允许开闭次数多，能达到每小时 600 次以上，寿命长，推力恒定，结构紧凑和调整维修方便等。缺点是：用于起升机构时会出现较严重的"溜钩"现象，因而不宜用于起升机构，也不适用于低温环境，只适用于垂直位置，偏角一般不大于 10°。

4. 液压电磁铁瓦块式制动器

液压电磁铁瓦块式制动器由制动器架、液压电磁铁及硅整流器等三部分组成。其制动器架与液压推杆瓦块式制动器的制动器架相同，硅整流器是为电磁铁提供直流电源的装置。制动是由主弹簧来完成的，制动器的驱动装置是液压电磁铁。

液压电磁铁由推杆、油缸、底座、活塞和电磁铁等主要零件组成，动铁芯和静铁芯中间有一个工作间隙，其间隙中充满油液。机构电动机与电磁铁线圈的电源通常是同步的。液压电磁铁瓦块式制动器的工作原理是：当电磁铁线圈通电后，动铁芯在电磁作用下向上运动，由于齿形阀片的阻流作用，工作间隙的液体被压缩而产生了压力，并进入推杆与静铁芯之间的间隙内，从而推动活塞，使活塞与推杆一起向上移动，推动杠杆时压紧主弹簧，制动器架的制动臂外张，制动瓦块与制动轮分离。当电磁铁断电后，推杆在制动器主弹簧张力作用下，迫使动铁芯下降，制动器又将制动。

液压电磁铁瓦块式制动器的优点是：启动和制动平稳、无噪声、接电次数多、寿命长，能自动补偿制动器的磨损，不需要经常维护和调整，结构紧凑和调整维修方便等。缺点是：在恶劣的工作条件下硅整流器容易损坏。

## （二）制动器的使用与维护

1. 制动器的调整

起重机的制动器在使用过程中，应按规定经常进行调整，才能保证起重机各机构的动作准确和安全。因此要求驾驶人员掌握调整制动器的技术，调整主要在三个方面，即调整工作行程、制动力矩和间隙。

制动器可靠的制动力矩是通过调整主弹簧的长度，即通过调整主弹簧的张力来实现的。为了使两个制动瓦块对制动轮的作用力均匀和相等，同时两个制动瓦块在张开时与制动轮的间隙应均匀相等，制动间隙通常用调整工作行程的大小来控制。

当一套机构有两套制动器时，应逐个调整每套制动器，保证每套制动器都能单独在额定负荷时可靠地工作。为保证设备安全，制动器调整时应保证拥有必要的安全制动行程。

（1）短行程制动器的调整

①调整制动力矩是通过调整主弹簧的工作长度来实现的。调整方法是用扳手把住螺杆方头，用另一扳手转动主弹簧固定螺母。弹簧可伸长或压缩，制动力矩随之减小或增大。调整完毕后，再用另一螺母锁紧螺杆及主弹簧调整螺母，以防止松动，保证制动力矩不变化。②调整工作行程是通过调整电磁铁的冲程来实现的。调整的方法是用一扳手把住锁紧螺母，用另一扳手转动弹簧推杆方头，使推杆前进或后退，前进时冲程增大，后退时冲程减小，直到获得合适的冲程。③调整两制动瓦块与制动轮间的间隙，使两侧间隙均匀。调整方法是把电磁铁衔铁推压在铁芯上，使制动瓦块自然松开，然后用扳手调整螺钉，使两侧间隙均匀。

（2）长行程制动器的调整

①制动力矩是通过调整主弹簧的工作长度来实现的。调整方法与短行程制动器的调整方法大体相似，转动调整螺母，使主弹簧伸缩来获得必要的制动力矩。调整完毕后，应用锁紧螺母将调整螺母锁紧，以防松动。②驱动装置的工作行程也用调整弹簧推杆冲程来完成。方法是松开推杆上的锁紧螺母，转动推杆和拉杆，即可调整推杆冲程。③调整制动轮间隙的方法是拉起螺杆，使制动瓦块与制动轮间形成最大的间隙，调整推杆和调整螺栓，使制动瓦块与制动轮之间的两侧间隙相等。

2.制动器的检查、保养和维护

经常检查和保养制动器是一项非常重要的工作。起重机起升机构的制动器，在每次工作开始前均应进行检查。

（1）检查时的注意事项

①注意检查制动电磁铁的固定螺栓是否松动脱落；检查制动电磁铁是否有剩磁现象。②制动器各被接点应转动灵活，无卡滞现象，杠杆传动系统的"空行程"不应超过有效行程的10%。③检查制动轮的温度。④制动时，制动瓦应紧贴在制动轮上，且接触面不小于理论接触面积的70%；松开制动时，制动瓦块上的摩擦片应脱开制动轮，两侧间隙应均等。⑤液压电磁铁的线圈工作温度不得过高（一般不超过105℃）；液压推动器在通电后的油位应适当。⑥当电磁铁的吸合冲程不符合要求而导致制动器松不开制动时，必须立即调整电磁铁的冲程。

（2）制动器的保养

①制动器的各铰接点应根据使用工况定期进行润滑工作，至少应每隔一周润滑一次，在高温环境下工作的每隔三天润滑一次，润滑时不得把润滑油沾到摩擦片或制动

轮的摩擦面上。②及时清除制动摩擦片与制动轮之间的尘垢。③液压电磁铁推杆制动器的驱动装置中的油液每半年更换一次。如发现油内有机械杂质，应将该装置全部拆开，用汽油把零件洗净，再进行装配，密封装配前应先用清洁的油液浸润一下，以保证安装后的密封性能。但在清洗时，线圈不允许用汽油清洗。

（3）制动轮的维护

①当制动轮的摩擦表面出现深度在 0.5mm 以上的环形沟槽时，会使制动轮与摩擦片的接触面积减小，制动力矩降低，此时应卸下制动轮进行磨削加工，按要求装配后可重新使用，不必再经淬火热处理。②制动轮的摩擦表面经修理加工后，比原来的直径小 3 ~ 4mm 时，应重新车削加工后经淬火热处理，恢复原来的表面硬度，最后经磨削加工后才能使用。③制动轮的表面不得沾染油污，当有油污时，应使用煤油清洗。

### （三）制动器零件的维修与报废

1. 制动器的维修

（1）制动器架各铰接点经磨损造成松旷，导致无效行程超过制动驱动装置工作行程的 10% 时，应对各铰接点进行修理。（2）各铰链处的销轴，其直径磨损超过原直径的 5% 或椭圆度超过 0.5mm 时，均应更换销轴。更换时，应修整销轴孔，恢复圆度，然后根据孔径配制新的销轴。轴孔直径磨损超过原直径 5% 时，也应重新修整轴孔，配制新的销轴。（3）更换新的摩擦片时，铆钉埋入制动器摩擦片的深度应超过原厚度的 1/2。

2. 制动器零部件的报废

制动器的零件出现下列情况之一时，其零件应更换或制动器应报废。

（1）驱动装置

①电磁铁线圈或电动机绕组烧损；②推动器推力达不到松闸要求或无推力。

（2）制动弹簧

①弹簧出现塑性变形且变形量达到了弹簧工作变形量的 10% 以上；②弹簧两面出现 20% 以上的锈蚀或有裂纹等缺陷的明显损伤。

（3）传动构件

①传动构件出现影响性能的严重变形。②主要摆动铰点出现严重磨损，并且磨损导致制动器驱动行程损失达原驱动行程 20% 以上。

（4）制动衬垫

①铆接或组装式制动衬垫的磨损量达到衬垫原始厚度的 50%。②带钢背的卡装式制动衬垫的磨损量达到衬垫原始厚度的 2/3。③制动衬垫表面出现炭化或剥脱面积达到衬垫面积的 30%。④制动衬垫表面出现裂纹或严重的龟裂现象。

（5）制动轮

①出现影响性能的表面裂纹等缺陷。②起升、变幅机构的制动轮，制动面厚度磨损达原厚度的40%。③其他机构的制动轮，制动面厚度磨损达原厚度的50%。④轮面凹凸不平度达1.5mm时，如能修理，修复后制动面厚度应符合上述②③的要求。

# 三、钢丝绳

钢丝绳是一种具有强度高、弹性好、自重轻及挠性好的重要构件，被广泛用于机械、造船、采矿、冶金以及林业等多种行业。

钢丝绳由于挠性好，承载能力大，传动平稳无噪声，工作可靠，特别是钢丝绳中的钢丝断裂是逐渐产生的，在正常工作条件下，一般不会发生整根钢丝绳突然断裂。因此，钢丝绳不仅成为起重机械的重要零部件（如用于起重机械起升机构、变幅机构、牵引机构中的缠绕绳，桅杆起重机桅杆的张紧绳，缆索起重机与架空索道的支持绳，等等），还大量地用于起重运输作业中的吊装及捆绑绳。

虽然钢丝绳在正常工作条件下不会发生突然破断，但随着钢丝绳的磨损、疲劳等破坏的加剧，将会出现断绳事故的隐患。因此，作为一名起重机司机，不仅要会操作，还应了解和掌握起重机的易损件——钢丝绳的基本结构、性能特点、安全使用检查及维护保养等。

## （一）钢丝绳的材质

钢丝绳的钢丝因要求有很高的强度与韧性，通常采用含碳量为0.5%~0.8%的优质碳素钢制作，而且含硫、磷量不应大于0.035%。因此，应选用《优质碳素结构钢技术条件》中的50号、60号和65号钢。

## （二）钢丝绳绳芯

在钢丝绳的绳股中央必有绳芯，绳芯是钢丝绳的重要组成部分之一。

1.绳芯的作用

（1）增加挠性与弹性

在钢丝绳中设置绳芯的主要目的是为了增强钢丝绳的挠性与弹性，通常情况下在钢丝绳的中心都应设置一股绳芯。为使钢丝绳的挠性与弹性更好，还应在钢丝绳的每一绳股中再增加一股绳芯，此时的绳芯应选用纤维芯。

（2）便于润滑

在绕制钢丝绳时，将绳芯浸入一定量的防腐、防锈润滑脂，钢丝绳工作时润滑油将浸入各钢丝之间，起到润滑、减磨及防腐等作用。

（3）增加强度

为了增强钢丝绳的挤压能力，在钢丝绳中心设置一股钢芯，以便提高钢丝绳的横向挤压能力。

2. 绳芯的种类

（1）纤维芯

纤维芯通常是用剑麻、棉纱等纤维制成，并用防腐、防锈润滑油浸透。纤维芯能促使钢丝绳具有良好的挠性和弹性，润滑油能使钢丝得到润滑、防锈、防腐、减磨。但纤维芯钢丝绳不适宜在高温环境中工作，也不适宜在承受横向压力情况下工作，它主要用于常温下的缠绕绳和捆绑绳。

（2）石棉纤维芯

石棉纤维芯是用石棉纤维制成，并用防腐、防锈润滑油浸透。石棉纤维芯绳与纤维芯绳具有同样的良好挠性和弹性，以及润滑性，同时又具有耐高温性，适用于高温、烘烤环境中的冶金起重机缠绕绳。

（3）金属芯

金属芯是用软钢钢丝或软钢绳股制成，由于金属芯强度大，抵抗横向挤压能力强，因而它适宜用于多层缠绕的起重设备，如卷扬机、汽车起重机的缠绕装置中；由于强度高，也适用于特重级高温环境下的冶金起重机。通常情况下，这种金属芯绳自身润滑性差，近年来有采用螺旋金属管作为绳芯的，在管中储存有润滑油用来润滑钢丝。金属芯钢丝绳挠性及弹性均不如纤维芯钢丝绳，除了用于多层缠绕、高温环境之外，多用于起重设备的张紧绳或支持绳。

## （三）钢丝绳钢丝

1. 钢丝制造

利用优质碳素钢钢锭经过多次热轧制成直径大约为 $\phi6mm$ 的圆钢，通常称为盘钢或盘条，然后再经过多次冷拔加工，使盘钢或盘条直径减小至所需要的 $\phi0.5 \sim 2mm$ 细钢丝为钢丝绳钢丝。在拔丝过程中还要经过若干次热处理，在热处理及冷拔工艺过程中，钢丝通过反复变形强化达到了很高的强度与韧性，通常强度可达到 1 200 ～ 2 000 N/mm。冷拔至需要尺寸的钢丝，根据需要还要进行镀锌或镀铅等表面处理。

2. 钢丝质量分级

钢丝的质量根据钢丝韧性的高低，即耐弯折次数的多少，分为三级：特级、Ⅰ级及Ⅱ级。特级能承受反复弯曲和扭转的次数较多，用于载人升降机和大型冶金浇铸起重机；Ⅰ级能承受反复弯曲和扭转的次数一般，用于普通起重设备；Ⅱ级用于起重运输作业中的吊装捆绑绳。

3. 钢丝表面处理

在正常使用条件下，钢丝为光面不做表面处理。当工作条件为潮湿等有腐蚀的环境时，为了防止钢丝的腐蚀损害，钢丝表面要进行镀锌处理，镀锌钢丝以甲、乙进行标记，"甲"用于严重腐蚀条件，"乙"用于一般腐蚀条件。如用于有耐酸要求的场合，钢丝表面应进行镀铅表面处理。

4. 钢丝绳的绕制方法

绝大部分的钢丝绳首先由钢丝捻成股，然后再由若干股围绕着绳芯捻成绳，这类钢丝绳称为双绕绳，为起重机械大量采用。也有极少的钢丝绳为单股绳，又称为单绕绳，直接由钢丝分内外层按不同捻绕方向绕制而成。这种单绕绳具有封闭光滑的外表面，耐磨、雨水不易浸入内，适用于缆索起重机与架空索道的支承绳，由于挠性不好，不宜做缠绕绳。

双绕绳按捻向绕制方法不同有以下几种类型。

（1）交互捻钢丝绳

交互捻钢丝绳又称为交绕绳，交绕绳的绳与股的捻向相反，捻向分为左向螺旋和右向螺旋，如右捻绳即为由钢丝按左向螺旋捻制成股，再由股向右向螺旋捻制成绳。这种绳由于绳与股的扭转趋势相反，互相抵消而没有扭转打结、松散的趋势，使用方便，为起重机大量采用。

（2）同向捻钢丝绳

同向捻钢丝绳又称为顺绕绳，顺绕绳的绳与股捻向相同，其捻向也分为左、右捻，如右捻顺绕绳即为丝捻成股，股再捻成绳，均为右向螺旋捻制而成。这种绳丝与丝之间接触较好，具有挠性好、寿命长的特点，但有扭转打结、易松散的问题，只能用于张紧绳或牵引绳，不宜用于起升缠绕绳。

（3）混合捻钢丝绳

半数股为左捻、半数股为右捻的绳，称为混合捻钢丝绳。这种绳为多层股不旋转钢丝绳，各相邻层股的捻向相反。它具有交互捻和同向捻的共同优点，但制造工艺复杂，仅用于起重量较小、起升高度较大的起重机，如塔式起重机。

## （四）钢丝绳绳股形状与结构

1. 股的形状

（1）圆股钢丝绳

制造方便，常被采用。

（2）异形股钢丝绳

有三角股、椭圆股及扁股等异形股绳。这种绳虽然制造工艺复杂，却是一种起升缠绕性能良好的理想钢丝绳。

2. 股的构造

根据钢丝之间的接触状态不同，股的结构也不同，它可分为点接触、线接触和面接触。

（1）点接触钢丝绳

点接触钢丝绳的股是由直径相同的钢丝捻制而成。

这种钢丝绳的特点是钢丝之间为点接触，比压较大，钢丝易磨损折断，使用寿命短。但这种绳挠性好，制造简单，成本低，曾为起重机械广泛应用过。

（2）线接触钢丝绳

线接触钢丝绳各股由直径不相同的钢丝捻制而成，又称为复合结构钢丝绳。复合钢丝绳又分为外粗式绳、粗细式绳和填充式绳。外粗式绳又称为西尔式绳，外层钢丝粗，内层钢丝细。粗细式绳又称为瓦林吞式绳，绳股一般为两层，绳股中外层钢丝直径粗细交隔。填充式绳的绳股也分为两层，在两层粗钢丝之间的孔隙中充填一根细钢丝，称为充填丝，其提高了钢丝绳的金属充满率，增强了破断拉力。

总之，复合型钢丝绳通过直径不同的钢丝适当配置，使每层钢丝的捻距相同，钢丝间形成线接触。其优点是绳股断面排列紧密，相邻钢丝接触良好，当钢丝绳绕过滑轮或卷筒时，在钢丝交叉地方不至于产生很大局部应力，有抵抗潮湿及防止有害物浸入钢丝绳内部的能力，它将会取代点接触的普通结构钢丝绳。

（3）面接触钢丝绳

面接触钢丝绳是由特制的异型钢丝绳绕制成股，然后用挤压的方法制成面接触型绳。

3. 股的数目

钢丝绳股的数目通常有6股、8股和18股等，其外层股的数目越多，钢丝绳与滑轮槽或卷筒槽接触的情况越好，寿命越长。6股绳是起重机常用绳，8股绳多为电梯起升绳，18股绳为不旋转绳，多用于起升倍率为1∶1的单绳起升机构中，为某些港口装卸起重机或建筑塔式起重机所用。

# 第二节　起重机质量检验技术

## 一、金属结构设计的质量检验

起重机金属结构是起重机承重的载体，必须保证其安全可靠、坚固耐用，而且要有良好的工作性能，金属结构严谨、合理的设计是形成起重机良好质量的首要环节。在设计时，要综合考虑设计方案在技术上是否可行、在工艺上是否先进、在经济上是否合理、在设备上是否配套、在结构上是否安全可靠等，这些都将决定着起重机制造后投入的使用价值和功能。

## （一）金属结构设计的技术要求

《起重机械安全规程第一部分：总则》规定：(1)起重机械金属结构设计时，应合理选用材料、结构型式和构造措施，满足结构构件在运输、安装和使用过程中的强度（含疲劳强度）、稳定性、刚性和有关安全性方面的要求，并符合防火、防腐蚀要求。(2)在金属结构设计文件中，应注明钢材牌号、连接材料的型号，对重要的受力构件还应注明对钢材所要求的力学性能、化学成分及其他的附加保证项目。另外，还应注明所要求的焊缝型式、焊缝质量等级。(3)起重机械承载结构构件的钢材选择应符合《起重机设计规范》中的规定。

## （二）金属结构设计应满足的技术条件

金属结构应具有足够的强度、刚性和抗屈曲能力。起重机的金属结构受载后应不能被破坏，即满足强度要求。静强度计算是最基本的计算。应力循环少或重要性一般的零件，只做静强度计算。承受循环应力零件或构件，除进行疲劳计算外，还应按峰值载荷进行静强度计算。起重机的金属结构受载时不仅要满足强度要求，同时还不应产生过大的变形，否则也将影响构件的正常工作，因此还必须要求在载荷作用下构件所产生的变形应在允许的范围内，即应具有足够的刚性。细长杆受压突然弯曲或结构件钢板局部屈曲失稳，在静定结构中可能造成几何可变结构，其原有状态的平衡可能变成不稳定的平衡，从而使结构件或零部件失效，这样同样会造成起重机的破坏，因此满足稳定性的要求也同样是重要的。此外，整机必须具有必要的抗倾覆稳定性。

## （三）起重机所承受的载荷和安全系数

1. 金属结构所承受的载荷

作用在起重机金属结构上的载荷形式是多种多样的，大小和位置又是随机的，既存在于工作状态下，也存在于非工作状态下，既有直接作用形式，也有间接作用形式等。在设计计算时，对这些作用载荷并不只是进行简单的叠加，而应是以适当的方式予以组合。作用在起重机上的载荷分为常规载荷、偶然载荷、特殊载荷及其他载荷。

（1）常规载荷

常规载荷是指在起重机正常工作时经常发生的载荷，包括由重力产生的载荷，由驱动机构或制动器的作用使起重机加（减）速运动而产生的载荷及因起重机结构的位移或变形引起的载荷。在防屈服、防弹性失稳及在有必要时进行的防疲劳失效等验算中，应考虑这类载荷。

常规载荷具体包括自重载荷、额定起升载荷及由垂直运动引起的载荷（垂直引起的载荷包括自重振动载荷、起升动载荷、突然卸载时的动力效应以及运行冲击载荷）和变速运动引起的载荷（驱动机构加速引起的载荷、水平惯性力、位移和变形引起的载荷）。

（2）偶然载荷

偶然载荷是指在起重机正常工作时不经常发生而是偶然出现的载荷，包括由工作状态的风、雪、冰、温度变化、坡道及偏斜运行引起的载荷。在防疲劳失效的计算中通常不考虑这些载荷。偶然载荷包括偏斜运行时的水平侧向载荷、坡道载荷、风载荷、雪和冰载荷、温度变化引起的载荷。

（3）特殊载荷

特殊载荷是指在起重机在非正常工作时或不工作时的特殊情况下才发生的载荷，包括由起重机试验、受非工作状态风、缓冲器碰撞及起重机（或其一部分）发生倾翻、起重机意外停机、传动机构失效及起重机基础受到外部激励等引起的载荷。在防疲劳失效的计算中也不考虑这些载荷。

特殊载荷包括非工作状态风载荷、碰撞载荷、倾覆水平力试验载荷、意外停机引起的载荷、机构（部件）失效引起的载荷、起重机械基础受到外部激励引起的载荷和安装、拆卸和运输引起的载荷。

（4）其他载荷

其他载荷是指在某些特定情况下发生的载荷，包括工艺性载荷，作用在起重机平台或通道上的载荷。

2.安全系数

起重机按许应力法进行设计计算，基本条件是保证构件的危险截面、危险点的计算应力小于许用应力。安全系数为材料的极限应力与许用应力（或计算应力）之比，就是安全系数的大小与构件的重要性、安全性和计算精度等因素有关。

### （四）金属结构设计过程的技术检验

1.相关技术资料的检验

检验项目1：设计计算书

检验要求：

（1）审核设计计算书中的数据是否准确无误。

（2）检查设计计算书是否有设计、审核和批准等相关人员签字及技术部门盖章。

（3）检查设计计算书所依据标准是否齐全并现行有效。

（4）检查所列举技术参数和性能指标是否符合相应标准和客户合同要求，对于桥门式起重机，要检查起重量、跨度、起升高度/下降深度、工作级别、工作速度、小车轨距、大车基距、构件材质、整机重量、钢丝绳型号等。

（5）检查结构的设计计算方法、公式和参数选择是否符合相关标准和设计规范的规定。

（6）检查计算书中的物理量指代是否明确、唯一。

（7）检查计算结果的单位是否明确、规范，并验证计算结果是否符合标准和设计规范的规定，检查主要受力构件的强度、刚性计算是否有遗漏，检查整机稳定性和局部稳定性是否得到校核，必要时还应包括疲劳强度方面的计算校核。

检验项目2：安装维护使用说明书

检验要求：

（1）检查安装使用说明书装订是否有缺页遗漏现象，页面应整洁，无手动涂改、字迹模糊等现象，说明书中插入图幅均应与样机实物和设计图样一致。

（2）验证说明书中主要技术参数和性能指标是否与设计计算书中一致。

（3）检查说明书中的结构描述、操作步骤和安全注意事项是否与样机实际情况相符。

（4）检查说明书中是否明确定期维修保养计划并包含了详细的实施规程。

（5）检查说明书中是否包括润滑表、电气原理图、易损件明细表及常见故障处理方法等内容。

检验项目3：设计图样或设备基础图样

检验要求：

（1）检查相关图样是否符合制图标准要求，做到图面清晰简明，图幅比例合适，图样表达清晰，合理利用三视图、剖视图和剖面图等表达方式，字体大小适当，图线型式宽度规范，尺寸标注规范、清晰、完整，零部件序号与明细表对应一致，明细表和标题栏项目完整、内容准确翔实。

（2）检查相关图样是否有设计、审核和批准等相关人员签字及技术部门盖章。

（3）检查图样是否齐全，至少应包括总图、部件图等。

（4）验证相关图样中主要技术参数和性能指标是否与设计计算书和安装使用说明书一致。

（5）检查相关图样是否能指导生产，技术要求中依据标准应现行有效，工艺要求应合理可行，焊缝标注规范且符合标准和设计要求。

## 二、起升机构质量检验

起升机构是用来起升重物并使其实现垂直升降运动的机构，是起重机最基本也是最重要的组成部分。起升机构由电动机、制动器、减速器、卷筒、钢丝绳、吊钩滑轮组等部件组成。起升机构部件必须牢固地安装在机架上，安装位置要水平、精确。起升机构安装时，先将减速器安装好，然后以减速器为基准，再安装电动机、卷筒及其他零部件。

## （一）技术要求

（1）《起重机械安全规程第一部分：总则》规定，起升机构应满足下列要求：

1）按照规定的使用方式应能够稳定地起升和下降额定载荷。

2）吊运熔融金属及其他危险物品的起升机构，每套独立驱动装置应装有两个支持制动器；在安全性要求特别高的起升机构中，应另外装设安全制动器。

3）起升机构应采取必要的措施避免起升过程中钢丝绳缠绕。

4）当吊钩处于工作位置最低点时，卷筒上缠绕的钢丝绳，除固定绳尾的圈数外，不应少于2圈。当吊钩处于工作位置最高点时，卷筒上还宜留有至少1整圈的绕绳余量。

（2）《通用桥式起重机》和《通用门式起重机》规定：

1）制动器应是常闭式的。制动安全系数的选择应符合GB/T3811的规定。

2）应安装起重量限制器。限制器应符合GB 12602的规定。

3）对于双小车或多小车的起重机，各单小车均应装有起重量限制器，起重量限制器的限制值为各单小车的额定起重量，当单个小车起吊重量超过规定的限制值时应能自动切断起升动力源。联合起吊作业时，如果抬吊重量超过规定的抬吊限制值及各小车的起重量超过规定的限制值，起重量限制器应能自动切断各小车的起升动力源。

4）双小车或多小车联合作业的起重机进行起吊作业时，吊点数一般不应超过三个。

5）应设起升高度限位装置。当取物装置上升到设定的极限位置时，应能自动切断上升方向电源，此时钢丝绳在卷筒上应留有一圈空槽；当需要限定下极限位置时，应设下降深度限位装置，除能自动切断下降方向电源外，钢丝绳在卷筒上的缠绕，除不计固定钢丝绳的圈数外，至少还应保留两圈。

6）钢丝绳的选择，应符合《起重机设计规范》中对安全系数的要求和《起重机和起重机械钢丝绳选择第一部分：总则》的规定。

7）钢丝绳的绳端固定和连接应牢固、可靠、便于检查和维修，并符合《起重机械安全规程第一部分：总则》中的规定。

8）取物装置（如起重电磁铁、可卸抓斗等）供电电缆的收放，应保证电缆的受力合理，且在升降过程中电缆不应与起重钢丝绳发生接触、摩擦。

## （二）质量检验

检验项目1：电动机轴与减速器输入轴相连接的同轴度

检验要求：电动机轴与减速器输入轴相连接的同轴度波动范围不大于0.25mm，间隙相差值不大于0.125mm。

检验方法：电动机轴与减速器输入轴相连接的同轴度可按下述方法检查：卸去联轴器里的弹性圈和柱销，在一个半联轴器上套装千分表支座，千分表的传感针指向另一个半联轴器。转动前一个半联轴器的外圆移动，千分表读数值的波动范围不大于

0.25mm，相差值 0.125mm。

电动机轴与减速器轴相连接的轴心线平行度可通过两个相对的半联轴器之间的断面间隙大小加以判断（用厚薄规检查）。

检验项目 2：减速器输出轴与卷筒同轴度

检验要求：减速器输出轴转动 180°，测点半径 0.5mm，折算到 1m 长卷筒轴的斜度应为 0.5 ~ 0.6mm。

检验方法：检查和校正相连接的轴是否同心的方法是：拆开卷筒与减速器输出轴之间的联轴器，在减速器输出轴上套装千分表支座和杆。千分表的传感针顶着卷筒端板，用手慢慢转动减速器输入轴使减速器输出轴转动 180°，再通过千分表指示值看轴的偏斜程度。用此方法校验卷筒轴和减速器低速轴的同轴度时，应仔细固定各部件，以防止发生轴向移动。

检验项目 3：机构速度的检测

检验要求：《通用桥式起重机》和《通用门式起重机》规定，对吊钩起重机，当起升机构的工作级别高于 M4，且额定起升速度等于或高于 5m/min 时要求制动平稳，应采用电气制动方法，保证在相应范围内下降时，制动前的电动机转速降至同步转速的 1/3 以下，该速度应能稳定运行。

检验方法：各起升机构的升、降速度和各运行机构的运行速度均可用下述方法中的一种进行检测。

方法 1(仲裁)：设置两个已记录距离的开关，当触杆离开第一开关即触动开始计时，触杆触到第二开关时则计时终了，并用该记录的时间间隔去除已录的距离，即得出所测速度。

方法 2：在规定的稳定运行状态下，记录仪表所测得电动机或卷筒的相应转速，再进行速度和调速比的换算。

检验项目 4：起升机构下降制动距离的检测

检验要求：《通用桥式起重机》和《通用门式起重机》规定，对吊钩起重机，起吊物品在下降制动时的制动距离（机构控制器处在下降速度的最低挡稳定运行，拉回零位后，从制动器断电至重物停止时的下滑距离）不应大于 1min 内稳定起升距离的 1/65。

检验方法：

方法 1(仲裁)：在机构高速级轴线的一个传动件（如轴或联轴器）上，对圆周做不少于 12 等分的标记（越明显越好），将光电计数器与机构控制系统连锁，断电瞬时开始计数。计数器的测头对准等分标记，在起升机构以慢速挡稳定下降制动停止后，用所测的计数进行换算。

方法 2：采用直径为 1 钢丝绳，一端系一小砣，另一端与固定的微动（触点常闭）

相连，常闭触点接在用接触器控制的下降回路中，砣的质量应足以使开关动作，切断下降电路，测量时小砣放在载荷（砝码）上，当额定载荷以慢速挡下降到某一位置时，小砣与载荷分离，此时下降电路立即被切断，载荷随即开始下降制动，到载荷停住后，所测得小砣与载荷之间的垂直距离，即为下降制动距离，连测 3 次，取其平均值。

检验项目 5：起升高度与吊具极限位置

检验要求：《通用桥式起重机》和《通用门式起重机》规定；

（1）起重机的起升高度不应小于名义值的 97%。

（2）吊具左右极限位置的允许偏差为 ±100mm。

检验方法：用卷尺测量。

# 三、起重电动机

1. 起重电动机的种类

起重电动机分为直流和交流两种，交流起重电动机又分为单相和三相两种。起重电动机按结构分为绕线式和鼠笼式两种，凡要求启动平稳、启动电流小、具有足够的加速转矩和启动频繁的场所，都宜选用绕线式电动机。鼠笼式电动机只适用于中小容量、启动次数较少、没有调速要求、对启动平滑性要求不高、操作简单的场所。YZR 系列为绕线式电动机，YZ 系列为鼠笼式电动机。

2. 起重电动机的典型结构

鼠笼式起重电动机的典型结构，分别由定子、转子和端盖三个基本部分组成。

3. 电动机的检验

检验项目 1：电动机的选用

检验要求：《通用桥式起重机》和《通用门式起重机》规定，优先选用符合下列标准的电动机：JB/T 5870、JB/T 7076、JB/T 7077、JB/T 7078、JB/T 7842、JB/T 8955、JB/T 10104、JB/T 10105、JB/T 10360。视需要也可选用符合 GB/T 21972.1 的变频电动机或符合 GB/T 21971 的多速电动机。

检验方法：目测及查验电气图纸。

检验项目 2：外购电动机的入厂检验

检验要求：

（1）根据报验单，检查产品铭牌上的型号、规格、安装方式、出轴型式，其应符合订货合同与技术文件要求。随机应有合格证。

（2）检查电动机的外表应无裂纹、变形、损伤、受潮、发霉、锈蚀等缺陷。

（3）电机附带的风扇不应有损伤、变形、锈蚀等现象。

（4）用手转动转子应灵活、无杂声。检查电刷与滑环接触面应达到 80%。

（5）检查电动机所有紧固螺栓，应无松动现象，出线端界限完好，出线盒应无损坏。

（6）用兆欧表检查电机绕组之间、绕组与机壳之间绝缘电阻，阻值必须符合要求。

（7）视情况需要，对部分入厂电动机进行空载通电检查。

检验方法：目测、查验图纸、手动试验及仪表测量。

检验项目3：电动机的保护

检验要求：《起重机械安全规程第一部分：总则》规定，电动机应具有如下一种或一种以上的保护功能，具体选用应按电动机及其控制方式确定：

（1）瞬动或反时限动作的过电流保护，其瞬时动作电流整定值应约为电动机最大启动电流的1.25倍。

（2）在电动机内设置热传感元件。

（3）热过载保护。

检验方法：目测检查电动机过载保护装置是否与技术文件相符，电动机过载保护装置是否完好。

检验项目4：电动机定子异常失电保护

检验要求：《起重机械安全规程第一部分：总则》规定，起升机构电动机应设置定子异常失电保护功能，当调速装置或正反向接触器出现故障导致电动机失控时，制动器应立即上闸。

检验方法：通过查阅电气控制回路原理图，查看电动机与制动器是否设置了电动机定子异常失电故障保护。可做动作试验，将电动机断电，则制动器必须断电并上闸。

## （二）起重机操作电气的质量检验

桥架型起重机上的操作电气包括控制电气和保护电气。控制电气主要有断路器、控制器、接触器、继电器、熔断器、变频器、控制开关等。

### 1. 低压断路器

低压断路器，俗称自动开关或空气开关，用于低压配电电路中不频繁的通断控制，在电路发生短路、过载或欠电压等故障时能自动分断故障电路，是一种控制兼保护电器。

断路器主要由三个基本部分组成，即触头、灭弧系统和各种脱扣器，包括过电流脱扣器、失压（欠电压）脱扣器、热脱扣器、分励脱扣器和自由脱扣器。

检验项目：断路器

检验要求：《起重机械安全规程第一部分：总则》规定，总电源回路应设置总断路器，总断路器的控制应具有电磁脱扣功能，其额定电流应大于起重机额定工作电流，电磁脱扣电流整定值应大于起重机最大工作电流。总断路器的断弧能力应能断开在起重机上发生的短路电流。

检验方法：目测检查及动作试验。

2. 控制器

（1）凸轮控制器

1）凸轮控制器的种类与作用。凸轮控制器是用来控制电动机启动、制动、换向、调速的；控制电阻器通过电阻器来控制电动机的启动电流，防止电动机启动电流过大，并获得适当的启动转矩。

2）凸轮控制器由机械部分、电器部分和防护部分共同组成。

3）凸轮控制器的检验。

检验项目：凸轮控制器

检验要求：①按使用说明书中的规定数据检查触头参数，并转动凸轮控制器的手轮（或手柄），检查其运动系统是否灵活，触头分合顺序是否与接线图相符，有无缺件等。②凸轮控制器安装时可根据控制室的情况，牢靠地固定在墙壁或支架上，引入导线经凸轮控制器下基座的出线孔穿入。机壳上有专用的接地螺钉，其手轮通过凸轮环接地。③按接线图把凸轮控制器与电动机、电阻器和保护屏上的电器进行连接，然后使金属部分均可靠接地。所有的螺栓连接处须紧固，特别要注意触头和连接导线部分不要因螺钉松动而产生过热。④凸轮控制器安装结束后，应进行空载试验，启动时若凸轮控制器转到第2挡位置后，仍未使电动机启动，则应停止启动，检查线路。

检验方法：目测检查及手动调整，应做到：①操作手柄应动作灵活，挡位明确。②动、静触点之间的压力要调整适宜，确保接触良好。动静触头最初接触的压力（初压力）一般为7～20N，动静触头完全闭合时的压力（终压力）一般为17～30N。通常采用将纸条放在动静触头之间来进行试验：若纸条容易拉出，说明弹簧压力过小；若纸条不能被拉出或被拉断，说明弹簧压力过大；若纸条在稍用力的情况下被拉出或有撕裂现象，说明弹簧压力适宜。③动静触头表面要保持光洁，动静触头的相互接触位置必须正确，必须在触点全长内保持紧密接触，触头的线接触和面接触不应小于触点宽度的3/4。④连接动静触头的连接线应用螺栓紧固，因为螺栓松动会直接影响所控制电动机和凸轮控制器触头的工作性能。

（2）主令控制器和磁力控制屏

1）主令控制器的作用与型号。主令控制器是向控制电路发出指令，并控制主电路工作的一种间接控制用电器，与起重机磁力控制屏配合使用，来控制电动机的起动、调速、换向和制动。

2）磁力控制屏。对于大起重量的起重机，广泛采用磁力控制屏与主令控制器相配合的起重机控制站，控制三相绕线电动机的启动、调速、换向和制动，控制屏分为交流和直流两种。

3）主令控制器的检验。

检验项目：主令控制器

检验要求：①按使用说明书中的规定数据检查触头参数，并转动控制器的手柄，检查其运动系统是否灵活，触头分合顺序是否与接线图相符，有无缺件等。检查定位机构是否出现了卡死现象。②动静触头压力应符合技术要求，一般在 10 ~ 17N。③触头接触必须准确，接触面应保证在整个接触面积或接触线的 2/3 以上。④控制器的所有接线螺钉必须拧紧。

4）其他各项与凸轮控制器安装要求相同，可作为参考。

检验项目：控制与操作系统

检验要求：

①《起重机械安全规程第一部分：总则》7 规定：

A. 控制与操作系统的设计和布置应能避免发生误操作的可能性，保证在正常使用中起重机械能安全可靠地运转。

B. 应按人类工效学有关的功能要求设计和布置所有控制手柄、手轮、按钮和踏板，并保证有足够的操作空间，最大限度地减轻司机的疲劳，将发生意外时对人员造成的伤害和引起财产损失的可能性降至最小。

C. 控制与操作系统的布置应使司机对起重机械工作区域及所要完成的操作有足够的认识。

D. 应将操作杆（踏板或按钮等）布置在司机手或脚能方便操作的位置。操纵装置的运动方向应设置得适合人的肢体的自然运动。例如，脚踏控制装置应采用向下的脚踏力操作而不能用脚的横向运动触碰操作。控制与操作装置应用文字或代码清晰地标明其功能（如用途、机构的运动方向等）。

E. 用来操纵起重机械控制装置所需的力应与使用此控制装置的使用频度有关，应随机型变化并按人类工效学来考虑。

F. 对于采用多个操作控制站控制一台起重机械的同一机构（如司机室操纵和地面操纵），应具有互锁功能，在任何给定时间内只允许一个操作控制站工作。应装有显示操作控制站工作状态的装置。每个操作控制站均应设置紧急停止开关。

G. 采用无线遥控的起重机械，起重机械上应设有明显的遥控工作指示灯。

H. 采用无线控制系统（如无线电、红外线）应符合下列要求。

a. 应采取措施（如钥匙操作开关、访问码）防止擅自使用操作控制站。

b. 每个操作控制站应带有一个预定由其控制的一台或数台起重机械的明确标记。

c. 操作控制站应设置一个启动起重机械上的紧急停止功能的紧急停止开关。无线控制系统对停止信号的响应时间应不超过 550ms。

d. 当检测不到高频载波或收不到数据信号时，应实现被动急停功能，应在 1.5s 之内切断通道电源。当通道的突发噪声干扰超过 1s 或在 1s 检测不到正确的地址码等时，应切断通道电源。

②《起重机械安全规程第 5 部分：桥式和门式起重机》7 控制与操作系统规定：

A. 控制与操作系统应符合 GB 6067.1 中的有关规定。

B. 对板坯搬运起重机，应采取防止夹钳打开误操作导致板坯坠落的措施。

C. 控制器应符合以下要求。

a. 操作手柄的动作方向宜与机构动作的方向一致。

b. 操纵手柄应设有防止因意外碰撞而使电路接通的保护装置。

D. 吊运熔融金属或炽热物品的起重机应当采用司机室、遥控或非跟随式等远离热源的操作方式，并且保证操作人员的操作视野。采用遥控或非跟随式操作方式的起重机应设置操作人员安全通道。

检验方法：目测检查与查验技术图纸

3. 交流接触器

（1）接触器的种类及作用。接触器是一种电气开关，用来接通和切断电源，远距离频繁起动或控制电动机，以及接通或分断正常工作的主电路与控制电路。

（2）交流接触器的结构。起重机上常用 CJ10、GJ12、CJ20 等系列交流接触器。交流接触器主要由主触头与辅助触头系统、灭弧装置、电磁系统、支架、底座与外壳共同组成。

接触器本身具有失压保护作用，当电压过低或停电时，铁芯磁力过小，接触器掉闸；当电压恢复正常时，电动机不会自行启动，这样就可以防止意外事故。

（3）接触器的检验。

检验项目 1：动力电源接触器

检验要求：《起重机械安全规程第 5 部分：桥式和门式起重机》规定：

1）起重机总动力电源回路应设总动力电源接触器，能够分断所有机构的动力线路。

当起重机上所设总断路器能远程分断所有机构的动力回路时，可不设总动力电源接触器。

2）换向接触器和其他同时闭合会引起短路事故的接触器之间，对于以电动葫芦为起升机构的起重机，应设置电气联锁，对于其他起重机应设置电气联锁和机械联锁。

检验方法：目测检查及查验电气图纸是否符合以上规定。

检验项目 2：交流接触器

检验要求：

1）交流接触器触头压力的调整特别重要。触头的初始压力和最终压力都须符合设计数据，而且必须经常性检查和进行必要的调整。如 CJ19-150 型交流接触器主触头的初压力为 21.5 ~ 26.5N，终压力为 29 ~ 39N；辅助触头初压力≮ 1N，终压力≮ 2.5N。

2）接触器必须垂直安装，与垂直面的倾斜度不得超过 5°。

3）接触器安装完毕后，应先用手推动其动铁芯若干次，检查有无其他杂物卡绊。

4）接触器接通电源后，当发现其电磁系统出现超出硅钢片所特有的噪声时，应检查电磁铁的吸合是否正常，直到消除为止。

检验方法：目测及动作试验

4. 继电器

继电器是一种根据某种输入信号的变化（如电流、电压、时间、温度和速度等）而接通或断开控制电路，实现自动控制的电器。其在起重机自动控制系统中应用相当广泛。

继电器是由承受机构、中间机构和执行机构三部分组成的。

继电器按其用途不同，可分为两大类：保护继电器和控制继电器两大类。起重机上常用的保护继电器有过电流继电器、欠电压继电器、热继电器等，控制继电器有时间继电器等。

以过电流继电器为例，过电流继电器的作用是，当起重机过载或电气短路时，过电流继电器会使接触器自动跳闸，保护电动机不被烧坏。常用的过电流继电器的型号为 JL12 系列。

检验项目 1：过电流继电器

检验要求：

（1）安装前检查额定电流及整定电流是否与实际使用要求相符。

（2）过电流继电器的整定值一般为电动机额定电流的 1.7 ~ 2 倍，频繁启动场合可取 2.25 ~ 2.5 倍。

（3）检查连接导线是否匹配，并检验螺钉是否旋紧。

检验方法：目测检查与动作试验。

检验项目 2：热继电器

热继电器是利用电流的热效应来推动动作机构使触点闭合或断开的保护电器。主要用于电动机的过载保护、断相保护及其他电气设备发热状态的控制。

检验项目 3：时间继电器

时间继电器在电路中起控制动作时间的作用，是一种利用电磁原理或机械动作原理来延迟触头闭合或断开的自动控制电器。

检验方法：

（1）目测检查及用万用表测量。

1）继电器线圈是否有短路或断路。

2）继电器的常开与常闭触点是否完好。

（2）必要时接通电源试验。

5. 电阻器（插图）

电阻器按用途可分为启动电阻、调速电阻、制动电阻、负载电阻、限流电阻、降压电阻等。电阻器由电阻元件、换接设备及其他零件组合而成，桥架起重机上一般使用启动、调速电阻器，把电阻器接在绕线式电动机的转子电路中，限制电动机的启动、调速和制动电流的大小，在转子电路中接入不同的电阻组合可以获得不同的效果。

检验项目 1：电阻器选择

检验要求：《通用桥式起重机》和《通用门式起重机》规定，选择电阻器时应注意：

（1）接电持续率不同的电动机，宜选用不同参数的起重机标准电阻器。如特殊需要，也可由起重机制造商自行设计，但应符合 GB/T3811 中的要求。

（2）起升机构不应选用频敏电阻器。

检验方法：目测检查及查验电气图纸是否符合以上规定。

检验项目 2：电阻器

检验要求：《通用桥式起重机》和《通用门式起重机》规定：

（1）四箱及四箱以下的电阻器可以直接叠装，五箱及六箱叠装时，应考虑加固措施并要求各箱之间的间距不应小于 80mm，间距过小时应降低容量使用或采取其他相应措施。

（2）电阻器应加防护罩，并注意散热需要的空间。室内使用时其防护等级不应低于 GB 4208 中的 IP10，室外使用不应低于 IP13。

检验方法：目测检查及仪表测量。

6. 熔断器

（1）熔断器的作用及种类。熔断器是常用的短路保护元件，采用熔断器可在电动机发生故障时将主电路切断，使电动机脱离电源。熔断器是由熔断器管和熔体两部分组成。起重机的照明、控制及主回路中，都装有熔断器。

起重机上照明电路常用瓷插式熔断器，电动机保护一般用螺旋式熔断器。

检验要求：

（1）应正确选用熔体和熔断器。有分支电路时，分支电路的熔体额定电流应比前一级小 2 ~ 3 级；对不同性质的负载，如照明电路、电动机的主电路和控制电路等，应尽量分别保护，装设单独的熔断器。

（2）安装螺旋式熔断器时，必须注意将电源线接到瓷底座的下接线端，以保证安全。

（3）瓷插式熔断器安装熔丝时，熔丝应顺着螺钉旋紧方向绕过去，同时应注意不要划伤熔丝，也不要把熔丝绷得过紧，以免减小熔丝截面尺寸或压断熔丝。

检验方法：目测检查。

7. 变压器

起重机大多是通过低压电网供电，低压电网由放置在配电房中的变压器供电。但大型造船门式起重机一般采用中压直接供电，通过起重机自身的中压变压器，再提供各机构所需的低压电源。起重机还采用隔离变压器用于控制电源、安全照明及指示灯的电源、PLC 电源等。

检验项目：变压器

检验要求：外观不应有锈蚀、裂痕或其他机械性损伤，线圈、铁芯及配件应装配牢固。

检验方法：检查外观是否良好，安装及线路的连接是否与电气图纸相符。

8. 控制柜（屏）

为保证人员的安全，起重机的电控元件一般应放置在箱子中，故称之为控制箱（如电动葫芦控制箱）。复杂一些的电路就需要在大一点的电气柜里安装，称之为控制柜。元件只安装在一面板上，周围是开放的称为控制屏。

检验项目：控制柜（屏）

检验要求：《起重机设计规范》规定，开关装置、配电装置

和装有电气设备的控制屏（柜）可按如下方法加以封闭：①在专门的密闭空间内；②在起重机主梁结构内。

室外型起重机控制柜（屏）应采用防护式结构。在无遮蔽的场所安装使用时，其外壳防护等级不应低于 GB4208 中的 IP54；在有遮蔽的场所安装使用时，其外壳防护等级可适当降低。

设备的金属外壳，需焊有保护接地螺钉（或螺母），并在明显处标志保护接地符号；若门上有电气元件，应装设专用的接地线，门应可锁住。

控制柜（屏）应安装牢固，在箱壳和箱柜前面至少要留 400mm 宽的净空，地面应无障碍物。

检验方法：目测检查并用卷尺测量。

9. 电气设备

检验项目 1：电气设备

检验要求：《起重机械安全规程第 5 部分：桥式和门式起重机》规定，起重机的电气设备必须保证传动性能或控制性能准确可靠。有防爆要求起重机的电气设备和元件的选用应当符合相应防爆级别的要求，如果选用电气元件是非防爆的，应加防爆外壳或者采取防爆措施，以满足相应防爆级别的要求。对强磁场、粉尘、腐蚀性环境的起重机，电气控制装置应采取相应的措施。

《起重机械安全规程第 5 部分：桥式和门式起重机》规定，用于有防爆要求起重机的电气设备：

（1）防爆电气设备的选择应当符合 GB 3836.1 和 GB 12476.1 的规定，其性能应满足相应的防爆类别和最高表面温度的要求。

（2）除煤矿用防爆电气设备外，其他爆炸性气体环境用防爆电气设备的安装应符合 GB 3836.15 的规定；爆炸性粉尘环境用防爆电气设备的安装应符合 GB 12476.2 的规定。

检验方法：目测检查并核对安装的电气设备是否符合电气图纸。

检验项目 2：电气设备的选用

检验要求:《通用桥式起重机》和《通用门式起重机》规定：

（1）一般采用交流传动控制系统，在有特殊要求或仅有直流电源情况下，可采用直流传动控制系统。

（2）除辅助机构外，应采用符合规定的电动机，必要时也可采用符合起重机要求的其他类型电动机。

（3）起重机进线处应设隔离开关或熔断器箱。

（4）当采用按钮盒控制时，控制电压不应大于 50V。

（5）对电磁起重机，起重电磁铁的电源在交流侧的接线上，应保证在起重机内部出现各种事故断电（起重机集电器不断电）时，起重电磁铁供电不切断，即吸持物不脱落。

（6）当用户要求对起重电磁铁设置备用电源（如蓄电池）时，备用电源支持时间不宜小于 20min，应同时提供自动充电装置及其电压的指示器，并应有灯光和声响警告装置示警。该电源可接入起升制动器回路，或起升制动器应具有手动释放功能。

（7）当选用可编程序控制器（PLC）时,对用于安全保护的联锁信号,如极限限位、超速等,应具有直接的继电保护联锁线路。

检验方法：结合电气图纸进行目测检查，必要时做动作试验。

检验项目 3：电气设备的安装

检验要求:《通用桥式起重机》和《通用门式起重机》规定：

（1）电气设备应安装牢固，在主机工作过程中，不应发生目测可见的相对于主机的水平移动和垂直跳动。

（2）桥架型起重机或小车运行时，馈电装置中裸露带电部分与金属构件之间的最小距离应大于 30mm，起重机运行时可能产生相对晃动时，其间距应大于最大晃动量加 30mm。

（3）安装在电气室内的电气设备，其防护等级可以为 GB4208 中的 IP00，此时应有适当的防护措施，如防护栅栏、防护网等；室内应留有不小于 0.6m 宽的检修通道。

（4）室内使用的起重机，安装在桥架上的电气设备应无裸露的带电部分，最低防护等级为 GB 4208 中的 IP30。

（5）室外使用的起重机，桥架上的控制柜，安装在无遮蔽场合时，其外壳防护等级不应低于 GB4208 中的 IP54；有遮蔽场合安装使用时，外壳防护等级可适当降低；但应满足防护要求。

检验方法：目测检查、尺子测量及查验电气图纸。

# 第三节　起重机的电气分析

## 一、技术资料

1. 检验内容和要求

①为了安装、操作和维护起重机械电气设备所需的资料，起重机制造厂应以图纸、简图、表图、表格和说明书的形式提供给起重机使用单位。起重机制造厂所提供的资料，应满足《机械安全机械电气设备第 32 部分：起重机械技术条件》列出的随电气设备所提供的资料项目和编制的要求。②起重机电气原理图和安装图应满足《机械安全机械电气设备第 32 部分：起重机械技术条件》的要求。进口起重机还应满足：a. 图形符号必须符合我国现行国家标准的规定要求，或做充分的中文说明；b. 必须有与电气原理图相符的电气元件明细表，并用中文注明用途；c. 元件的符号和说明必须有中文标识。③安装使用地点的环境温度超过 40℃（平均环境温度），或海拔高度超过 1000m 时，起重机制造厂应提供电动机的容量校核修正计算书。④隔离变压器或安全隔离变压器的出厂介电试验报告书。⑤起重量限制器、装入式温度保护、断错相保护等外购成套设备的电气原理图或安装图和使用说明书。⑥起重机械型式试验时的温升实验报告书。⑦起重机上的所有电器元件（不包括成套设备中的电器元件）和电气设备的合格证书。

2. 主要依据

《关于起重机械专项治理工作有关问题的通知》规定：在用起重机械的技术资料至少应当包括总图、电气原理图、安装和使用与维护说明书。使用单位应向原设计、制造单位索取缺失资料。索取资料确有困难的，使用单位应约请具有相应资格的起重机械改造单位进行必要的技术测试、改造，通过改造补齐技术资料。

3. 检验方法

目视检验。

## 二、电气原理图的审查

1.检验内容和要求

①电气安全装置的设置应符合《起重机电控设备》所列的安全保护环节及《起重机设计规范》的规定。电气安全装置有：总动力电源回路的断开装置和主隔离开关的隔离保护；所有电气线路的短路保护；总动力电源的失压保护；紧急切断总动力电源的开关保护；单个电动机的过载（过热）保护；机构电动机的零位保护；起联锁保护作用的安全装置和措施；电动机的超速保护；限制运动行程和工作位置的安全装置；断错相保护；直流发电机-电动机组的零位防爬行保护；直流他激电动机的失磁保护；能耗制动、涡流制动、涡流制动器的失磁保护；正反向接触器和其他同时闭合会引起短路的接触器之间的机械和电气联锁；由于雷电和开关浪涌而引起的过电压保护措施等。②控制电路和控制功能应符合《机械安全机械电气设备第32部分：起重机械技术条件》《控制电路和控制功能》中"控制电路""控制功能""联锁保护""故障情况下的控制功能""相关安全控制电路"的规定要求。③控制线路不得存在事故隐患。a.控制线路中的任何一点对地短路，不能造成电气安全装置失效，控制失灵。b.起升机构驱动电动机定子电源驱动接触器失电时，制动器接触器必须同时失电，制动器应自动制动。c.控制线路中的任何一个元件故障，包括导线折断，接线端子松脱造成断路，触点故障断开、短路等，不得造成事故。如起升控制线路中，制动器接触器自锁，上述任何特定条件下，都不得造成重物自由坠落。d.可编程序。

2.检验方法

审查电气原理图。

## 三、电源和环境条件

1.供电的电压偏差和电压降

（1）检验内容和要求

在正常工作条件下，供电系统在起重机械馈电线接入处的电压波动不应超过额定值的±5%。对于交流供电，尖峰电流时，自供电变压器的低压母线至电动机的接线端子的电压损失，通常不得超过额定电压的10%，最大不超过额定电压的15%。

（2）对条款的理解

额定值的±5%为电压偏差，正常工作条件为启动结束之后的稳态运行时，额定值为380 V时，额定值的±5%应为361～400 V，至供电系统在起重机械馈电线接入处。

尖峰电流时，为额定电压的15%，为电压降要求。要满足总电压降不大于380 V×15%=57 V。同时电压值不小于380 V–57 V=323 V，不是380 V×（1–10%)–57

V=285 V，至电动机的接线端子处。电压降不大于额定电压的 10% 时，电压降不大于 38 V，电压值不小于 342 V。

2. 安装使用地点的环境温度和海拔要求

（1）检验内容和要求

①安装使用地点的环境温度一般为 −10℃ ~ +50℃。在 40℃ 的环境温度下，相对湿度不超过 50%，海拔不超过 1000m。②安装使用地点的环境温度超过 40℃ 的场合，或海拔高度超过 1000m 时，应对电动机的容量进行校核。

（2）主要依据

当电动机使用地点的海拔超过 1000m，或使用环境温度与其额定环境温度不一致时，其输出功率应按实际使用地点的海拔和使用环境温度下的输出功率计算。

当电动机使用地点的海拔不超过 1000m 时，如当环境温度为 40℃ 时，功率为 100 kW，K=1；如当环境温度为 60℃ 时，K=0.85，功率为 120 kW。

（3）检验方法

①使用单位、制造厂、检验单位共同确认使用地点的海拔、环境温度；②制造厂出具电动机输出功率计算书和修正计算书。

3. 电气设备的选择

（1）电气设备的选择应符合《冶金起重机技术条件——通用要求》的规定

（2）外壳防护等级

1）检验内容和要求

①电动机外壳防护等级

室外或多尘环境下，电动机的防护等级应不低于 IP54。

②控制屏

a. 开关装置、配电装置和装有电气设备的控制屏可按如下方法封闭：在专门的封闭空间内；在起重机的主梁结构内。b. 户外型起重机控制屏（柜、箱）应采用防护式结构，在无遮蔽的场所安装使用时，外壳防护等级应不低于 IP54。c. 安装在上述封闭空间（电气室）内的电气设备（控制屏），其外壳防护等级可以为 IP00，但应有适当的防护措施，如栏杆、防护网、绝缘等直接接触电击防护措施。

③电阻器应加防护罩，户内作业时至少应是 IP10，多尘环境下或户外使用时不小于 IP13。

④地面有线控制装置、遥控器、电缆卷筒的电刷、限位开关、传感器等的外壳防护等级，户内作业时至小应是 IP43，多尘环境下或户外作业时至少应是 IP54。

2）检验方法

查看电动机和电气设备铭牌上的外壳防护等级标志。

（3）吊运熔融金属冶金起重机的电动机的绝缘等级

1）检验内容和要求

采用冶金起重专用电动机，在环境温度超过40℃的场合，应选用H级绝缘的电动机，或采取相应的必要措施。

2）检验方法

①检验电动机铭牌标志。

②低于H级绝缘的电动机，在下列情况下可以使用：把电动机所处的工作位置的平均温度降低到40℃以下，可以采取隔热、降温措施；降低实际使用的电动机"温升限值"，标准环境温度为40℃，实际环境温度为60℃时，"温升限值"可以降20K使用；低于H级绝缘的电动机降容使用，根据环境温度和海拔修正实际使用的电动机功率。此时，起升机构可以降低额定起重量使用。

4.电气保护

（1）切断总动力电源的装置和主隔离开关的隔离保护。

（2）所有电气线路的短路保护，包括总动力电源，各机构动力电源、控制电源及辅助电源等分支线路电源的短路保护。

（3）单个电动机的过载（过热）保护。

（4）总电源的失压保护。

（5）机构电动机的零位保护。

（6）起联锁保护作用的安全装置和措施。

起联锁保护作用的安全装置和措施包括：a.通道口联锁保护（从起重机外部上下起重机的门、进入桥式起重机和门式起重机的门、桥式起重机司机室的门或外走台的栏杆门、从司机室登上桥架的舱口门、司机室设在起重机运动部分上时进入司机室的通道口等）；b.可以两处或多处操作的起重机，两处或多处操作之间应设置联锁保护；c.电动和手动驱动相互间的操作转换应能联锁；d.夹轨器和锚定装置应能与运行机构联锁；e.回转锁定装置应能与回转机构联锁；f.悬臂俯仰机构与小车运行机构之间应设联锁保护；k.换向接触器和其他同时闭合会引起短路事故的接触器之间，应设置电气联锁和机械联锁；h.下降回零时，先下闸后断电，防止溜构的控制环节。

（7）紧急切断总动力电源的开关保护。

紧急情况下，能在司机室和电气室内或其他操作位置上，特殊情况下，地面也可以设置直接切断或远程切断"总断路器"和"总动力电源接触器"或"全部分支动力电源接触器"，紧急切断总动力电源。

（8）电动机的超速保护的检验。

用可控硅定子调压、涡流制动器、能耗制动、可控硅供电、直流机组供电调速以及其他由于调速可能造成超速的起升机构和20 t以上用于吊运熔融金属的通用桥式起重机必须具有超速保护。

（9）限制运动行程和工作位置的安全装置。

装设有不同形式（一般为重锤式和旋转式并用）的上升极限位置的双重限位器（双限位），并能控制不同的断路装置，起升高度大于 20m 的起重机，还应根据需要装设下降极限位置限位器。断路装置指切断总动力电源和机构动力电源的装置。

（10）失磁保护。

检验内容和要求：起升机构电动机采用直流他激电动机、能耗制动、涡流制动、涡流制动器等驱动调速时，激磁电流电路应设有失磁保护。

检验方法：主要审查电气原理图。一般不做失磁试验。

（11）直流发电机 - 电动机组的零位防爬行保护

检验方法：审查电气原理图，不做通电试验。

（12）断错相保护。

起重机总电源应设置断错相保护；起升机构电动机必须设置断相保护。断相保护对供电电源的断相保护有效，还要对电动机绕组断相保护有效。

5. 起升机构制动器电气控制的检验

（1）检验内容和要求

①规定要求：在用非冶金起重机械用于吊运熔融金属整治要求的规定：起升机构应具有正反向接触器故障保护功能，以防止电动机失电而制动器仍然在通电进而导致失速发生。

②检验内容：起升机构电动机动力电源接触器对工作制动器的接触器的控制关系。

这个控制的正确关系是：起升机构电动机动力电源接触器得电时，工作制动器的接触器得电，开闸；起升机构电动机动力电源接触器失电时，工作制动器的接触器同时失电，工作制动器应能自动制动，下闸。

（2）检验方法

①审查电气原理图。

审查起升机构电动机动力电源接触器对工作制动器接触器的控制关系。

②通电试验。

运行中切断接通起升机构电动机动力电源的接触器的控制电源，但不得同时切断工作制动器的控制电源，工作制动器应能自动制动。

6. 电击防护

（1）直接接触电击防护

防护方法包括：a. 绝缘防护；b. 遮拦和外护物（不低于 IP2X 或 IPXXB 的外壳防护等级）的防护；c. 阻挡物的防护；d. 伸臂范围之外的防护；e. 漏电保护器的附加防护；f. 特低电压（ELV）防护。

可能触及的带电裸露部分有：a.电网直接供电的电气设备中可能触及的带电裸露部分；b.SELV系统的25 V以上可能触及的带电裸露部分；c.正常干燥环境，PELV系统的25 V以上可能触及的带电裸露部分以及其他环境，6 V以上可能触及的带电裸露部分；d.隔离变压器或普通变压器的一次和二次侧可能触及的带电裸露部分；e.FELV系统的带电部分。防护措施有采取绝缘（500 V或1500 V，1min）或防护等级不低于IP2X或IPXXB（GB4028）的遮护物。

起重机上小车供电不得采用裸滑线。

（2）间接接触电击防护

间接接触防护包括，防止出现危险接触电压的措施，在接触电压尚未产生危险前自动切除电源：a.自动切除供电的防护（TN、TT、IT系统的防护）；b.U类设备或与之等效的防护；c.非导电场所的防护；d.不接地的局部等电位联结；e.单一电路的电气隔离防护；f.特低电压（ELV）防护。起重机常用的有a.b.e.f所示各项。

起重机可以采取在接触电压尚未产生危险前自动切除电源的保护。根据供电电源，组成低压TT、TN、IT的接地型式，或高压接地型式。

Ⅰ类电气设备的接地端子与电源的保护接地线PE或PEN的连接：起重机上的下列部分都应直接或通过整体金属结构与电源的保护接地线PE或PEN可靠连接：所有Ⅰ类电气设备的接地端子，包括采用外部电源直接供电的电动机（包括吊具或制动器上）、控制屏、配电箱、司机室、穿线金属管槽、电铃等音响信号装置，制动器驱动电磁铁以及直接采用外部电源整流供电的起重电磁铁外壳；Ⅰ类变压器的接地端子（含Ⅰ类安全隔离变压器或隔离变压器，或普通变压器）；普通变压器的二次侧线圈一端（属于工作接地）。

采用普通降压变压器的二次侧电源（220 V或小于等于50 V的FELV特低电压系统）供电或整流供电的Ⅰ类电气设备的接地端子，应与二次侧线圈一端引出的保护接地线PE连接。

采用集电导线、滑触线、滑环组件供电时，电源的保护接地导线（PE）和中线（N）应分别使用一条单独的集电导线、滑触线、滑环。采用滑动触头的保护接地导线的连续性应通过适当的措施来保证（如复式集电器、连续性监控）。保护接地导线集电器的形状或结起重机的电气检验构应使它们不能与其他集电器互换，这种集电器应是滑动触头型。采用隔离功能的可移式集电器，应满足切断带电导线后才能断开保护接地导线，任何带电导线重新接通前保护接地导线先行恢复。

起重机械的金属结构与接地线、接地集电导线、接地滑触线做接地连接的同时，起重机械的轨道钢轨应连接到电源的保护接地线上，采用车轮与轨道的接触做接地连接，以提高接地可靠性。但两者之间不能替代，特别是"车轮与轨道的接触接地连接"不能替代接地线、接地集电导线、接地滑触线做接地连接。

旋转机构与本体金属结构之间，采用专用接地滑环接地的同时，本体金属结构应连接到电源的保护接地线上，以提高接地可靠性。

低压 TN、TT、IT 系统以及高压系统，必须符合本系统关于接地电阻的安全要求。电源保护接地线应在起重机处重复接地。TN 系统的 PE、PEN 线，IT、TT 系统以及高压系统的 PE 线应在起重机处重复接地。重复接地电阻，不做要求，只要求符合本系统接地电阻要求或满足主等电位联结和辅助等电位联结的设置要求。

主等电位联结和辅助等电位联结的设置：起重机的安装环境中，必须进行主等电位联结，必要时，进行辅助等电位联结。主等电位联结和辅助等电位联结的设置，应符合《建筑物的电气装置电击防护》的规定。

（3）绝缘电阻的要求

在动力导线和金属结构之间，施以 500 V 直流电压，测得的绝缘电阻不小于 $1m\Omega$。但对于电气设备的某些元件，如母线、集电滑线、滑触线系统或滑环组件，可允许有较低的最小值。

7. 隔热降温措施

长期在高温环境下工作的起重机械，对其电控设备需要采取防护措施。（1）起重机直接受高温辐射的部分应设隔热板或隔热围墙，下翼板下应设隔热材料。（2）在高温、蒸汽、有尘、有毒或有害气体等环境下工作的起重机，应采用能提供清洁空气的密封性能良好的封闭司机室。（3）在环境温度较高的场所，司机室外部或下方应装热反射板。（4）电缆小车电缆可以采用耐高温的电缆。（5）采用耐高温的电缆或导线，如采用 ZR-KVV-105 聚氯乙烯绝缘、聚氯乙烯护套、耐 105℃ 高温的电缆。

检验方法：目视检查。

# 第四节　塔式起重机的断错相保护和防雷的检验

## 一、塔式起重机的断错相保护的检验

1. 断错相保护原理

控制塔式起重机总电源接触器的接线见图 5-4。

2. 检验方法

（1）按下列顺序检验

①正常状态（不断相、不错相），接通总电源开关 Q11 或主隔离开关 Q12，按动启动按钮 SBT，总电源接触器 K01 能得电，能接通总电源。

②断开总电源开关 Q11 或主隔离开关 Q12。

③在图 5-4 中的 A、B、C 三点，使负载侧断开一相，或使负载侧的任意两相接线调换。

④再接通总电源开关 Q11 或主隔离开关 Q12。

⑤按动启动按钮 SBT，总电源接触器 K01 不能得电，不能接通总电源。

（2）运行中，使负载侧断开一相，或使负载侧的任意两相调换，总电源接触器 K01 必须释放，切断总电源。运行中的断错相检验，一般不做。

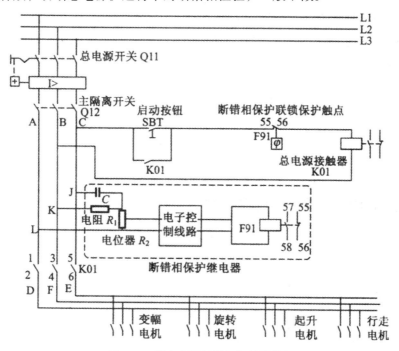

图 5-4 供电电源断错相保护接线图

（3）在图 5-4 中的 D、F、E 三点，使负载侧断开一相，或使负载侧的任意两相调换。按动启动按钮 SBT，总电源接触器 K01 能得电，能接通总电源。即图 5-4 供电电源断错相保护对电源的断错相保护有效，对负载侧（电动机）的断错相保护无效。

## 二、塔式起重机防雷的检验

1.《起重机械监督检验规程》塔式起重机电气部分规定

有雷击可能的起重机，一般不必另行设置独立避雷针或附设避雷针，其整体结构可以作为接闪器和引下线。司机可能触及的金属构架必须与起重机整体金属结构有可靠的金属连接，起重机本体金属结构必须与接地装置连接，接地电阻不大于 $30\Omega$。

2.检验方法

（1）户外安装的起重机，可以认为是有雷击可能的起重机。（2）目视检查塔式起重机与接地装置的连接。施工现场的塔式起重机地面上第一节金属结构应与建筑物的基础钢筋焊接，焊接点不少于 2 个，引接线不少于 2 根。（3）测量防直击雷的接地装置的接地电阻，由于防直击雷的接地装置与零线重复接地装置共用一个接地装置，应不减少对接地电阻的要求，各自满足各自的要求。用工频接地电阻测量仪测量，不必采用冲击接地电阻测量仪。（4）任何导线、电气设备（包括灯具），必须屏蔽在金属外壳内。无屏蔽的导线不得高出金属结构，如障碍灯的灯具，导线不能高出金属支架，还必须屏蔽在金属外壳内。（5）对于各节金属结构之间的螺栓连接、齿轮齿圈连接，防直击雷不做特别要求。只要求满足"防止间接接触电击防护"的"接地"要求就行了。（6）使用单位没有提出要求时，对防止雷电波侵入、雷电反击的防护措施（如设置避雷器、压敏电阻等），不要求，不检验。

# 第五节　起重机安全维护技术

## 一、葫芦式起重机的安全技术

以电动葫芦作为起升机构的起重设备统称为葫芦式起重机，如环链电动葫芦、钢丝绳电动葫芦、电动单梁起重机、电动单梁悬挂起重机、电动葫芦桥式起重机和电动葫芦门式起重机等。

葫芦式起重机的特点是结构轻巧紧凑，操作使用简易方便，用途广泛，适用场合众多。其独特的特点是少部分采用司机室操纵，大部分是采用地面操纵形式，一般没有专职操作人员，更没有专门的司索、指挥人员，往往是操作人员兼司索工作，因而潜在的事故因素比其他类型的起重机严重。

### （一）葫芦式起重机的安全防护装置

1.机械安全装置

为了保证葫芦式起重机的使用寿命，必须具备以下基本的机械安全装置。

（1）护钩装置

吊钩应设有防止吊载意外脱钩的保护装置，即采用带有安全爪式的安全吊钩。

（2）导绳器

为防止乱绳引起的事故，目前电动葫芦的起升卷筒大部分都设有防止乱绳的导绳器，导绳器为螺旋式结构，相当于一个大螺母，卷筒相当于螺杆，卷筒正反旋转时导绳器一方面压紧钢丝绳不得乱扣，同时又向左右移动，导绳器上有拨叉用以拨动升降限位器拨杆上的挡块，达到上下极限位置时断电停车。

（3）制动器

葫芦式起重机的动作为三维动作，即上下升降为 Z 向，小车横向左右运动为 X 向，起重机大车前后纵向运动为 Y 向，每个方向动作的机构（起升机构、小车运行机构和大车运行机构）必须设有制动装置制动器。目前中国有三代电动葫芦共同服役于各项工程当中。20 世纪 50 年代生产的 TV 型电动葫芦虽已淘汰不准再生产，但仍有产品在服役使用，其制动器为电磁盘式制动器。目前仍在大批量生产供货的国产 CD-MD 型电动葫芦和引进产品 AS 型电动葫芦，它们的制动器为锥形制动器，均为机械式制动器，依靠弹簧压力及锥形制动环摩擦力进行制动。小车和地面操作的大车运行机构的制动器为锥形制动电机的平面制动器，司机室操纵的大车制动器为锥形制动器。

（4）止挡

止挡又称为阻进器，在葫芦式起重机主梁（单梁式起重机）两端适当位置（控制极限尺寸）设带有缓冲器的止挡（止挡与缓冲器为一体），阻止葫芦小车车轮运行而停车；在电动葫芦桥式起重机主梁上两端适当位置设有止挡，阻止小车横行至极限位置而停车；在梁式起重机大车运行轨道两端设有止挡以阻止起重机停在极限位置上。

（5）缓冲器

为减缓葫芦式起重机与止挡的碰撞冲击力对起重机及吊载的冲击振动，缓冲器通常装设在单梁起重机端梁上和起重机小车架端梁的端部。古老的缓冲器采用硬木，目前多采用橡胶的聚氨酯缓冲器。

2. 电气安全防护装置

（1）升降极限位置限制器

以往采用的起升限位器为重驼式，重驼式限位器只能在起升到最高极限位置时断电停车，不能起到对下降极限位置的控制。目前绝大部分升降限位器为双向限位，其与导绳器配合使用，当卷筒旋转吊起重物对钢丝绳缠绕至导绳器拨动限位器导向杆一端的挡块而使限位开关断电停车至上极限位置。卷筒反向旋转吊载下降，导绳器反向移动至拨动限位器导向杆另一个挡块，拨动导向杆使限位开关断电停车至下降极限位置。

（2）运行极限位置限位器

运行极限位置限位器又称为行程开关，在葫芦式起重机的起重小车（葫芦双）和起重机的端梁装有行程开关，在起重小车轨道和起重机大车运行轨道端适当位置设有一安全尺，当行程开关碰到安全尺即刻断电停车至极限位置。

（3）安全报警装置

安全报警装置往往与超载限制器是配合使用的，一般当载荷达到额定起重量的90% 时，能发出提示性报警信号，如指示闪光灯和蜂鸣器等声光显示，有的可以在手电门上装有起重量显示器。

（4）超载限制器

为防止超载起吊重物造成事故，电动葫芦上一般应设有不同类型的超载限制器。目前使用的超载限制器按构造、原理大致可分为机械式的弹簧压杆式、杠杆式和摩擦片式，测力传感式，电流检测式，载荷计量式。目前推荐采用和广泛使用的是测力传感式超载限制器。

（5）相序保护

相序保护又称为错相保护，目前国产 CD-MD 型电动葫芦不具备这种机能，只有引进的 AS 型电动葫芦具有这种保护机能。

错相保护是与起升高度限制器配合使用的，即在设计起升高度限制器时，在限制器上增加一对开关触头，当第一对触头（上升限制触头）不起作用时，吊具继续上升就打开了第二对触头，使电动机电源切断。这样即使电动机错相接线，也不会造成事故。

## （二）葫芦式起重机的安全使用要求

在有粉尘、潮湿、高温或寒冷等特殊环境中作业的葫芦式起重机，除了应具备常规安全保护措施之外，还应考虑能适应特殊环境使用的安全防护措施。

1. 在有粉尘环境中使用

在有粉尘环境中作业的葫芦式起重机应考虑以下安全保护措施。（1）采用闭式司机室进行操作，以保护司机的人身健康。（2）起重机上的电动机和主要电器的防护等级应相应提高，通常情况下葫芦式起重机用电动机及电器的防护等级为 IP44，根据粉尘程度的大小，应相应增强其密封性能，即防护（主要是防尘能力）等级应相应提高为 IP54 或 IP64。

2. 在潮湿环境中使用

在正常情况下，工作环境湿度不大于 85% 时，葫芦式起重机的防护等级为 IP44，但目前要求适应湿度较大的场合越来越多，要求湿度为 100% 的场合也不少，甚至如核电站还有用高压水冲洗核设备的核粉尘污染，所采用的起重设备的防护等级必须提高。为此，在湿度大于 85% ~ 100% 之间的使用场合，起重机的电机与电器防护等级应为 IP55。

在潮湿环境中，对 10 kW 以上电机还应增设预热烘干装置。

在露天作业的葫芦式起重机的电机及电器上均应增设防雨罩。

3. 在高温环境中使用

（1）司机室应采用闭式装有电风扇或空调的司机室。（2）电动机绕组及机壳上应埋设热敏电阻等温控装置，当温度超过一定界限时，断电停机加以保护或在电机上增设强冷措施（通常在电机上增设一专用电风扇）。

4. 在寒冷环境中使用

对于在室外寒冷季节使用的葫芦式起重机应有如下安全防护措施：（1）采用闭式司机室，司机室内应设取暖装置。（2）及时清除轨道、梯子及走台上的冰雪，以防滑倒摔伤。（3）起重机主要受力杆件或构件应采用低合金钢或不低于 Q235-C 普通碳素钢（指在 -20℃以下）材质。

5. 地面操纵

地面操纵时，应采用非跟随式操纵形式，即操作人员不随吊载横向移动而移动，手电门不是悬吊在电动葫芦开关箱之下，而是单独另行悬挂在一滑道上，这样操作者就可能远离吊载在适当的位置上进行操作，可避免遭受吊载撞击的危险。

地面操纵时，起重机运行速度不大于 45m/min，以防太快造成操作人员与起重机赛跑。

## （三）葫芦式起重机特殊安全保护措施

在以下特殊场合用的葫芦式起重机，除了应具备常规安全保护措施外，还应具有适应特殊场合的特殊安全保护措施。

1. 在易燃易爆场合使用

在易燃易爆场合必须使用专用的防爆葫芦式起重机，应具有以下特殊安全保护措施：（1）所有的电气元件不得有裸露部分。（2）防爆葫芦式起重机常温绝缘电阻值不小于 1.5mΩ。（3）轨道接地连接电阻值不大于 4Ω。（4）所有的防爆电气设备（开关箱、手电门、行程开关及接线盒等）均应具有国家指定的防爆检验单位颁发的在有效期内的防爆合格证。（5）为防止因机械摩擦或碰撞产生火花及危险温度造成的危险，对防爆葫芦式起重机裸露的具有相对摩擦运动的部分采取限速的措施，如钢丝绳与卷筒的卷入线速度和葫芦小车及大车在轨道上的运行线速度均不得大于 25m/min。（6）钢丝绳表面不得有断丝现象。（7）运行轨道接头处应光滑平整，车轮运行中不应有冲击现象。（8）如工作环境中金属障碍物较多时，为避免吊钩与金属障碍物发生碰撞，应在吊钩滑轮侧板外表面标出警告字样如"禁止碰撞""触地"等。（9）制动器均应安装在具有隔爆性能的外壳内部。

2. 在吊运有毒、危险、贵重物品的场合使用

有相当一部分葫芦式起重机被用来吊运军用导弹、航天火箭、核电站有放射性的核燃料、核乏料和核废料，这些物品要么十分贵重，要么十分危险，因此要求葫芦式起重机动作一稳再稳，安全再安全。

用于这种场合的葫芦式起重机必须具有以下特殊的安全保护措施。

（1）断轴保护

为防止因电动机轴断裂，第一制动器制动失效而造成吊载失落事故，应在起升卷

筒轴上增设第二制动器（机械式）加以保护。

（2）断绳保护

为防止钢丝绳突然断裂造成吊载失落事故，可以采取单一事故保护措施。单一事故保护装置由卷筒、钢丝绳、滑轮组、平衡梁等组成。卷筒为双联左右旋结构。两钢丝绳的一端分别固定于卷筒两侧，另一端通过滑轮组（吊钩滑轮组）、定滑轮组最后在平衡梁上固定。该平衡梁可以在两根钢丝绳之间平衡和分配载荷，若两钢丝绳中的一根断裂，平衡梁自动向左或右倾斜，拨动开关切断总电源，使起升动作停止，达到事故保护的作用。

（3）双起升极限位置限位保护

在常规起升限位器上再增加一层限位保护，即双限位双保险。第一层限位保护失灵时，第二层能弥补上限位保护作用。

（4）双行程限位保护

在各运行机构行程限位装置上再加一层第二限位保护，达到双保险作用。

（5）超速保护

在电动葫芦起升卷筒的中心轴上，装有一光电编码器，编码器将卷筒转速转化为脉冲信号传出，当超速10%时自动切断电源，达到安全目的，同时发出光、电信号。

（6）地震保护

运行机构增设水平导向轮，用来抵抗地震横向冲击；在端梁上增设护钩装置，用来抵抗地震上抛冲击，上抛时护钩将钩住轨道。

3.在吊运高温或熔化金属的场合中使用

虽然普通的葫芦式起重机一再声明不得吊运熔化金属，但仍有不少用户仍然用葫芦式起重机吊运轻小的高温金属件或小型熔化金属包，尤其是近年来要求将葫芦式起重机用于冶金行业的呼声也越来越高。

为此，用于冶金行业中的葫芦式起重机必须具有以下特殊安全保护措施：（1）各机构应采取双驱动形式，当一个驱动装置发生故障时，另一个驱动装置能起到整机继续驱动，以防停机时熔化金属凝于金属包内；（2）各机构应采取双制动形式，第一制动器失灵失效时，第二制动器动作保证有继续刹车的功能；（3）在高温下作业，电动机主要电器的绝缘等级必须达到H级以上；（4）各机构工作级别不得低于M6；（5）钢丝绳绳芯必须采用石棉芯。

4.在高压电源下作业的场合中使用

在电解铜、铝等作业中，经常采用葫芦式起重机吊运高压电极，或吊钩有可能触及高压电源时，就会发生触电事故，造成操作者伤亡或设备毁坏。为此，在此种场合必须采用专用的绝缘葫芦式起重机。

专用的绝缘葫芦式起重机以前常在吊钩与滑轮组间、小车轨道与主梁间、大车轨道与承轨梁间进行三级绝缘。现在通常是采用在吊钩与滑轮组间、小车架与车轮间、大车端梁与车轮间，或者是吊钩与滑轮组间、卷筒与小车架间、小车车轮轴与小车架端梁车轮轴孔间的三级绝缘。

绝缘材料为二甲苯树脂玻璃布或环氧酚醛玻璃布等，其绝缘电阻应大于 $1m\Omega$。

# 二、桥式起重机安全技术

## （一）桥式起重机的基本构造

桥式起重机是由大车和小车两部分组成的。小车上装有起升机构和小车运行机构，整个小车沿装于主梁盖板上的小车轨道运行；大车部分则由起重机桥架（通常称大车桥架）及司机室（又称操纵室）组成。在大车桥架上装有大车运行机构和小车输电滑线或小车传动电缆及电设备（电气控制屏、电阻器）等。司机室内装有起重机控制操纵装置及电气保护柜、照明开关柜等。

按功能而论，桥式起重机由金属结构、机械传动和电气传动三大部分组成。

桥式起重机的金属结构是起重机的骨架，所有机械、电气设备均装于其上，是起重机的承载结构，并使起重机构成一个机械设备的整体。

桥式起重机的机械传动部分是起重机动作的执行机构，吊物的升降和移动都是由相应的机械传动机构的运转而实现的。机械传动机构则由起升机构、小车运行机构和大车运行机构等三部分组成。

起重机的电气传动部分由电气设备和电气线路组成。电气设备由各机构电动机、制动器驱动装置、电气控制装置及电气保护装置等组成，电气线路由主回路、控制回路和照明信号回路组成。

## （二）桥式起重机金属结构安全技术

桥式起重机的金属结构由起重机桥架（又称大车桥架）、小车架和操纵室（司机室）三部分组成。它是起重机的承载结构，具有足够的强度、刚度和稳定性，是确保起重机安全运转的重要因素之一。

1.桥式起重机桥架

自新中国成立以来，随着我国工业的不断发展，各种不同类型的桥架结构也在不断创新，有箱形结构、偏轨箱形结构、偏轨空腹箱形结构、箱形单主梁结构、空腹桥架式结构、四桁架式结构及三角形桁架结构等多种形式。这里主要以应用十分广泛的箱形结构为例略加阐述。

箱形结构桥架由主梁、端梁（又称横梁）、走台和防护栏杆等组成。主梁和端梁均是由钢板拼焊成的箱形断面结构，故称为箱形结构。

2. 桥式起重机金属结构的安全技术要求

（1）主梁的安全技术要求。①为了提高主梁的承载能力，改善主梁的受力状况，抵抗主梁在载荷作用下的向下变形，提高主梁的强度和刚度。制造时，主梁跨中应具有 $F=S/1000$ 的上挠度，其允差为 -0.1 ～ 0.3F，并要求由两端向跨中逐步拱起而呈"弓"形状态。②主梁跨中的旁弯度不得大于 $S/2000$，且不允许向内弯（只允许向走台方向弯曲）。③主梁的刚度要求。主梁的刚度是表征主梁在载荷作用下抵抗变形能力的重要指示。通常规定为：在主梁跨中起吊额定荷载其向下变形量 ≤ $S/700$，卸载后变形消失，即无永久变形，则可认为该主梁刚度合格。此项为测定桥式起重机负荷能力的重要指标，是起重机安装时或大修后必测的重要项目之一。凡是在载荷作用下，主梁产生的向下永久变形（从原始拱度算起）称为主梁下挠。（2）端梁中部具有 $S/1500$ 的上拱度。（3）走台应采用防滑性能良好的网纹钢板，室外安装的起重机走台应有排除积水的出水孔。（4）走台外侧安装的防护栏杆高度不应小于 1 050mm，并应设有间距为 350mm 的水平横杆，护栏的底部应设有高度不小于 70mm 的围护板。（5）操纵室与桥架连接必须牢固、安全可靠，其顶部应能承受不小于 $2.5kN/mm^2$ 的静载荷。（6）桥式起重机金属结构的安全检查与维护。①每年应对主梁的拱度进行检查和测量。②每年应对主梁的刚度进行检查和试验，即在跨中起吊额定负荷，测定其向下变形量是否超过 $S/700$，有无永久变形，以鉴定主梁的刚度是否合格，不合格者应予以修复或降级使用。③定期对起重机金属结构主要部位进行检查，如主梁的焊缝、主梁与端梁连接的焊缝及端梁连接螺栓等。④每 3 ～ 4 年应对金属结构在清除污垢、锈渍的基础上，进行全面涂漆保护。⑤在运转过程中，注意对起重机金属结构的保护，严防主梁遭受严重的冲击，避免金属结构受到剧烈碰撞。⑥工作完毕后，小车应置于起重机跨端，不允许小车长时间停于跨中。

3. 起重机金属结构主要构件的报废标准

（1）主要受力构件，如主梁、端梁等构件失去整体稳定时应报废。（2）主要受力构件发生锈蚀时，应对其进行检查和测量鉴定，当承载能力降低至原设计承载能力的 87% 以下时，如不能修复则应报废。（3）当主要构件发生裂纹时，应立即采取阻止裂纹继续扩张及改变应力的措施，如不能修复则应报废。（4）当主要受力构件断面腐蚀量达到原厚度的 10% 时，如不能修复与加固，则应报废。（5）主要受力构件因产生塑性变形，使工作机构不能正常安全工作，如不能修复时，应报废。（6）对于桥式起重机，当小车位于跨中起吊额定载荷时，主梁跨中的下挠值在水平线下超过 $S/700$，如不能修复时，应报废更新。

### （三）起升机构

1.起升机构的构成及其工作原理

（1）起升机构的构成

常见的起升机构是电动机、减速器、制动器、传动轴、齿轮联轴器、制动轮联轴器、齿盘接手及内齿圈、卷筒组、定滑轮组、吊钩组和缠绕在卷筒上的钢丝绳等组成。

（2）起升机构的工作原理

电动机通电后（制动器打开）产生电磁转矩，通过齿轮联轴器、传动轴及制动轮联轴器将转矩传递至减速器的高速轴，经齿轮传动减速后再由减速器将转矩输出，并经齿盘接手及内齿圈带动卷筒组做定轴转动，使绳端紧固在卷筒上的钢丝绳做绕入或绕出运动，遂使系吊于钢丝绳上的吊钩组（或其他取物装置）做相应的上升或下降运行，进而实现吊物的上升或下降运动。为使吊物能安全可靠地停于空中任一位置而不坠落，在起升机构减速器高速轴端安装制动轮及相应的常闭式制动器，以便在断电时实现制动。

2.起升机构安全技术

起升机构必须安装常闭式制动器，其制动安全系数理论上应符合表5-1的规定。对于吊运液态金属、易燃易爆物或有毒物品等危险品的起升机构必须安装两套制动器，每套制动器的制动安全系数不小于1.25。

表5-1　常闭式制动器制动安全系数 K

| 起升机构工作级别 | M1-M4 | M5 | M6/M7 | M8 |
| --- | --- | --- | --- | --- |
| 制动安全系数 K | 1.5 | 1.75 | 2 | 2.5 |

制动器的安全检查与维护应注意如下几点：①制动器的调整标准，理论上应按表5-1提供的制动安全系数 K 值进行调整，但 K 值之测定较为困难。实际工作中，常用下述调整方法作为标准，即通过对主弹簧、磁铁冲程及闸瓦间隙的调整，使其达到：在空载时，撬开制动器而松闸，吊钩组可缓慢起动下落并逐步加快，这说明制动器已完全打开而无附加摩擦阻力。②起升机构制动器工作必须确保安全可靠，为此，一般应每天检查并调整一次，且在正式工作前应试吊以检验其是否安全可靠，冶金起重机起升机构制动器应每班检查调整一次，且各铰接点应每天注油润滑，以确保制动器能够动作灵敏、工作可靠。

起升机构必须安装上升、下降双向断火限制器。①上升限位器的安装位置（或调整位置），应能保证当取物装置顶部距离定滑轮组最低点不小于0.5m处断电停机。②下降限位器的设置应能确保取物装置下降到最低位置断电停机，且此时在双联卷筒上每端所余钢丝绳圈数不少于两圈（不包括压绳板处的圈数在内）。③应经常检查限位器工作的可靠性、动作的灵敏可靠性；失效时，必须停机检修，不得"带病"工作，以防钩头冲顶断绳坠落事故的发生。

吊钩必须安装有防绳扣脱钩的安全闭锁装置。对起升机构操作时的安全技术要求如下：①当起吊较重的吊物时，严禁急速推转控制器手柄猛烈起动，以消除过大的惯性力对机构和主梁的冲击。②对于用凸轮控制器操纵的起升机构，在长距离下降重载时，应迅速将手柄推至下降第 5 挡，切除转子串入全部电阻，以最慢的下降速度下降吊物，以防飞逸事故和刹不住车的危险事故；对于短距离的重载下降时，可采用手柄推至上升第 1 挡的反接制动方式下降吊物，这样操作较为安全。

### （四）大车运行机构

1. 大车运行机构传动形式、构成及其工作原理

（1）大车运行机构的传动形式可分为两大类：一种为分别驱动形式，另一种为集中驱动形式。分别驱动形式与集中驱动形式相比，其自重较轻，通用性好，便于安装和维修，运行性能不受吊重时桥架变形的影响，故目前在桥式起重机上获得广泛采用，集中驱动形式只用于小起重量和小跨度的桥式起重机上。（2）大车运行机构由电动机、齿轮联轴器、传动轴、减速器、车轮组及制动器等构成。由电动机经减速器传动所带动的车轮组称为主动车轮组，无电动机带动只起支承作用的独立车轮组称为被动或从动车轮组。（3）大车运行机构工作原理：当电动机通电时产生电磁转矩（常闭制动器打开），通过制动轮联轴器、传动轴、齿轮联轴器将转矩传入减速器内，经齿轮传动减速后传递给低速轴齿轮联轴器并带动车轮组中的车轮转动，在大车轮与轨道顶面间产生的附着力作用下，使大车主动轮沿大车轨道顶面滚动，进而带动整台起重机运行。

2. 大车运行机构安全技术

（1）大车运行机构必须安装制动器且应调整得当，以便在起重机断电后使其在允许制动行程范围内安全停车。（2）制动器每 2 ~ 3 天应检查并调整一次，分别驱动的运行机构的两端制动器应调整协调一致，以防止制动时发生起重机扭斜和啃道现象，使运行时两端制动器完全打开而无附加摩擦阻力，确保起重机正常运行。（3）起重机端梁上应安装行程限位器，并相应在大车行程两端安装限位安全尺，以确保在大车行至轨道末端前触碰限位器转臂并打开限位器的常闭触头而断电停车；同一轨道上每两台起重机间亦应相应安装限位尺，当两车靠近并在碰撞前触碰对方限位器转臂而断电停车，或安装防碰撞的互感器，以防止两台起重机带电硬性碰撞事故的发生。（4）桥式起重机每端梁的端部必须装有弹簧式或液压式缓冲器，并于起重机每条轨道末端承轨梁上安装止挡体（俗称"车挡"），既能防止起重机脱轨掉道，又可吸收起重机运动的动能，起到缓冲减震并保护起重机和建筑物不受损害的作用。车挡严禁安装或焊在轨道上。（5）带有锥形踏面的大车主动轮，必须配用顶面呈弧形的轨道，且用于分别驱动的传动形式，锥度的大端应靠跨中方向安装，不得装反，否则不能起到运行时的

自动对中作用，反而导致大车偏斜。（6）大车车轮前方应安装扫轨板，扫轨板之下边缘与轨顶面的间隙为10mm，用来清除轨道上的杂物，以确保起重机运行安全。（7）操作时的安全技术要求：①为防止起动时因惯性力而产生的吊物游摆对地面作业人员及设备造成危害事故，要求在开动大车后，先回零位一次然后在吊物向前游摆时再顺势快速跟车一次，可消除吊物的游摆。对于重载，采用此法效果极为显著，可实现起车稳和行车稳的操作。②为防止停车时的吊物游摆，要求司机应掌握大车的运行特性、制动行程距离，应在预停位置前合适距离回零断电，使车在制动滑行后停车，如操作得当，会做到既平稳又准确。③除遇到紧急情况（如碰人或设备）以外，严禁开反车制动停车。

### （五）小车运行机构

1. 小车运行机构传动形式、构成及其工作原理

（1）小车运行机构传动形式

中、小型起重机小车运行机构均采用集中驱动形式，大起重量起重机的小车运行机构通常采用分别驱动形式。

（2）小车运行机构的构成

小车运行机构由电动机、高速轴联轴器、立式减速器、低速轴联轴器、传动轴及车轮组等组成，在电动机轴上安装制动轮及相应的制动器。

（3）小车运行机构工作原理

小车运行机构工作原理与大车运行机构工作原理相同，不再重复。

2. 小车运行机构安全技术

（1）小车运行机构必须安装制动器，以确保在断电后在允许制动行程范围内安全停车。（2）制动器应每2～3天检查并调整一次。（3）小车行程的两终端必须安装限位器，相应在小车架底部应装有限位安全尺，以确保在小车行至终端时触碰限位器转臂而打开常闭触头断电停车。（4）小车架上必须安装弹簧或液压式缓冲器，并在主梁两端相应部位焊有止挡板，使之与缓冲器的碰头对中相碰撞，既能阻止小车继续运行又能起缓冲减震作用。（5）在主梁上盖板端部应焊有止挡板，防止小车脱轨掉道。（6）小车运行时各车轮踏面应与轨顶全面接触，主动轮踏面与轨顶间隙不应大于0.1mm，从动轮不应大于0.5mm，当小车出现"三条腿"故障时，必须予以修复，不得"带病"工作，以防事故发生。（7）小车车轮为单轮缘时，轮缘应靠近轨道外侧方向安装，尤其是在修理后重新安装时，不得装反。（8）小车轮前应安装扫轨板，其底边缘与轨顶面间隙为10mm。（9）操作小车时的安全技术要求，与大车同样，不再重述。

### （六）电气设备与电气线路

1. 起重机电设备及电路的安全技术

（1）电设备

1）总的要求。起重机的电气设备必须保证传动性能和控制性能准确可靠，在紧急情况下能切断电源安全停车。在安装、维护、调整和使用中不得任意改变电路，以防安全装置失效而发生危险事故。2）起重机电气设备的安装，必须符合《电气装置安装工程施工及验收规范》的有关规定。

（2）供电及电路

1）供电电源。起重机应由专用馈电线供电。对于交流 380 V 电源，当采用软缆供电时，宜备有一根专用芯线作为接地线；当采用滑触线供电时，在对安全要求高的场合也应备一根专用接地滑线。凡相电压为 500V 以上的电源，应符合高压供电的有关规定。2）专用馈电线总断路器。起重机专用馈电线进线端应设总断路器。总断路器的出线端不应连接与起重机无关的其他设备。3）起重机总断路器。起重机上应设总断路器。短路时，应有分断该电路的功能。4）总线路接触器。起重机上必须设置总线路接触器，应能分断起重机的总电源，但不应分断照明信号回路。5）控制回路。起重机控制回路应保证控制性能符合机械与电气系统的要求，实现各种安全保护。不得有错误回路或寄生回路存在。6）遥控电路及自动控制电路。遥控电路及自动控制电路所控制的所有机构一旦控制失灵应能保证自动停止工作。7）起重电磁铁电路。交流起重机上，起重电磁铁应设专用直流供电系统，必要时还应有备用电源。8）馈电裸滑线。起重机馈电裸滑线与周围设备的安全距离与偏差应符合有关规定，否则应采用安全措施。9）滑线接触面应平整无锈蚀，导电良好，在跨越建筑物伸缩缝时应设补偿装置。10）主滑触线安全标志。供电主滑线应在非导电接触面涂红色油漆，并在适当位置装置安全标志或表示带电的指示灯。

（3）对主要电气元件的安全要求

总的要求：电气元件应与起重机的机构特性、工况条件和环境条件相适应，在额定条件下工作时，其温升不应超过额定允许值，起重机的工况条件和环境条件如有变动，电气元件应做相应的变动。

1）接触器

接触器应经常检查维修，保证动作灵敏可靠，铁芯极面清洁，触头光洁平整，接触良好紧密，防止粘连、卡阻。可逆接触器应定期检查，确保其联锁可靠。

2）过电流继电器和延时继电器

过电流继电器和延时继电器的动作值应按设计及技术要求调整，不可把触头任意短接，以防使其失去相应的保护作用。

3）控制器

控制器应操作灵活，挡位清楚，零位手感明确，工作可靠，转动应轻快，其操作力应尽可能小，手柄或手轮的扳转方向应与机构运动方向一致。

4）制动电磁铁

制动电磁铁衔铁动作应灵活准确，无阻滞现象。吸合时铁芯接触面应紧密接触，无异常声响。电磁铁的行程应调整符合机构设计要求。

（4）接地

1）接地的范围

起重机的金属结构及所有电设备的金属外壳、管槽、电缆金属外皮和变压器低压侧均应有可靠的接地。

2）接地结构

①起重机金属结构必须有可靠的电气连接。在轨道上工作的起重机，一般可通过轨道接地，且轨道连接板处应用不小于 $\phi$14mm 的圆钢焊接连接，确保接地良好。②接地线连接宜采用截面不小于 150mm² 的铜线，用焊接法连接，应按《电气装置安装工程施工及验收规范》规定检验。③严禁用接地线做载流零线。

3）接地电阻与绝缘电阻

①接地电阻。起重机轨道的接地电阻，以及起重机任一点的接地电阻均不应大于 4 Ω。②对地绝缘电阻。起重机主回路和控制回路的电源电压不大于 500V 时，回路的对地绝缘电阻一般不小于 0.5mΩ，潮湿环境中不得小于 0.25mΩ。测量时应用 500V 的兆欧表在常温下进行。③司机室地面应铺设绝缘胶垫或木板。

# 三、流动式起重机的常见应急措施

1. 起升机构失灵，吊物不能放下

当条件允许时，可以慢落吊臂使被吊物体落地。在不能使用上述方法时，可缓慢松开制动器，使卷筒慢慢放下吊物，必要时还应松开起升马达的进油和回油接头。

2. 变幅机构失灵，吊臂落不下来

一旦出现这种状态时应首先放下吊物，然后将变幅油缸的上腔接头拧松，再将下腔的管接头略微拧松，使油液从松动处缓慢排出，吊臂靠自重可自行缓慢落下。

3. 伸缩机构失灵，吊臂不能缩回

处理办法与变幅机构失灵处理办法相同，但在拧松管接头前应将吊臂仰起到吊臂的最大仰角位置。

4. 支腿不能回收

松开液压锁的紧固螺钉，拧松支腿油缸的上、下腔管接头，抬起支腿即可。

# 四、流动式起重机的安全操作

## （一）流动式起重机的稳定性与起重量特性

1. 起重机的稳定性

起重机的抗倾覆（倾翻）能力称为起重机的稳定性。起重机一旦发生倾覆，经济损失严重、危险巨大。起重机的停车位置及状态与稳定性有关，起重机作业时的幅度变化、载荷变化、起吊方位、支腿使用等都影响起重作业的稳定性。

（1）起重机不作业时的停靠及作业时的架设对地面的选择是很重要的。停车位置不当可能会造成地面局部下陷，以致形成局部结构的损坏，甚至整机倾覆，即局部或整机失稳。起重作业场地对起重机作业时的稳定性也有很大影响。当场地倾斜或松软时会使起重机架设不平，降低起重机的稳定性，应使用垫板加强支承。（2）幅度变化与稳定性的关系：当起吊的载荷一定，幅度增大时，起重机的倾翻力矩将随着增大。起重机在臂架俯落和臂伸长时，会使幅度增大，因此，盲目增大工作幅度，可能使起重机形成失稳状态。（3）载荷变化与稳定性的关系：当工作幅度一定，载荷变大时，起重机的倾翻力矩也会变大。当被吊物体快速下降或在快放过程中急停，或回转速度过快时，会产生"超重"和冲击，从而引起起重机损坏臂架的局部失稳，甚至整机倾翻的整机失稳。（4）起吊方位与稳定性的关系：在一般情况下，起重机后方的稳定性好于侧面的稳定性。当在后方起吊重物回转向侧面时，要避免起重机失稳。（5）支腿的使用与稳定性的关系：支腿的跨距影响着起重机的稳定性，跨距大时稳定性好，跨距小时稳定性差，因此起重机作业时应将支腿完全伸出。

2. 流动式起重机的起重量特性

流动式起重机的起重量特性通常以起重量特性曲线图和起重量性能表显示出来。在流动式起重机的操纵室内，起重量特性曲线图和起重量性能表用金属标牌标出。

（1）起重量特性曲线图

起重量特性曲线图是根据整机稳定性、结构强度和机构强度综合平衡后绘制的。每一条特定的曲线是起重臂的工作长度一定时能起吊的最大起重量，或在某一起重量条件下，起重臂允许的最大工作长度。在进行起重作业时应尽量使用标准臂长作业。这样可以准确地确定起重机在该臂长时允许起吊的物体的重量。当不得不使用非标准臂长作业时，应选用最接近而又稍短于标准臂长所对应的特性曲线进行作业，以保证作业安全。

（2）起重量性能表

起重量特性曲线所对应的工作幅度、臂长和起重量以表格形式绘出，称为起重量性能表。与其起重量特性曲线相比，起重量性能表比较直观，使用方便；但它把起重机的无级性能变为有级特性，准确地判断起重机作业时的起重特性有一定的难度。

起重量性能表中粗实线是强度值与稳定性的分界线。在进行作业时，应注意选用参数的位置。当作业状态处于粗实线上面时，首先要注意起重机结构的强度；反之，当作业状态处于粗实线下面时，首先要注意起重机整机的稳定性。由于起重量特性表是用阶梯形的有级数值来表示的，在使用特性表时要注意以下问题。

1）当已知起吊重物的重量，在选用工作幅度时应向小的方向移动

例如：起吊重物为 6 t，当臂架工作长度选用 13.5m 时，工作幅度应选 7.0m，不能选 8.0m，若选用了 8.0m，有可能在稳定性方面出现问题；当臂架工作长度选用 19.0m 时，工作幅度应选 6.0m，不能选 7.0m，若选用了 7.0m，有可能在稳定性方面出现问题。

2）当工作幅度和臂架的工作长度已确定时，允许起吊的重量也应向小的方向移动

例如：工作幅度为 8.0m，使用臂架工作长度为 13.5m 时，起重机允许起吊的最大重量为 5.2 t，当起重量超过 5.2 t 时，起重机有可能在稳定性方面出现问题；工作幅度 8.0m，使用臂架工作长度为 19.0m 时，起重机允许起吊的最大重量为 5.0 t，当起重量超过 5.0 t 时，起重机有可能在强度方面出现问题。

## （二）流动式起重机的危险因素与预防

流动式起重机不同于其他起重机械的特点是起重机本身具有流动性。由于流动式起重机作业环境随时变化，作业范围大，转换速度快，设备自身结构复杂，金属结构安全系数控制严格，操纵难度大等，危险因素也较多。例如，起重机在停机时及作业中有倾覆（倾翻）的危险，起重机在作业环境中的危险，起重机在安装、修理、调整、使用不正确时发生的危险等。

1.造成倾覆的因素及使用注意事项

作业场地的地面必须平整，不得下陷，整机应保持水平。①不要接近崖边或软弱的路肩，当必须接近时应有人员在前方引导指挥。②对不够坚实地面应予以加强，以便履带起重机的停放或作业。用支腿的起重机，支腿下方地面不平时应使用形状规矩的方垫木垫平，木块的大小根据起重机的大小而定。③起重机不作业时，一定要停在水平而紧实的地面上。

在有风条件的工况环境下工作的起重机应注意：①风速一般在上空较大，起重臂或被吊物体起升得较高时要注意风力的影响。对于迎风面积较大的吊物，起吊后要注意从后面吹来的风，此时起重机倾翻的危险性很大。②在大风中作业时要注意风向、起吊物体的形状、环境条件等，相应调整操作方法。在无法把握时，应把起重机的物件降落到地面，升起吊钩和起重绳。③在大风环境中，起重机的停放应使上车与履带或轮胎的纵向成同一方向，且机械背面向风；同时，要扣上制动器和锁，包括起重制动器、回转停车制动器、主副卷筒锁、变幅卷筒锁等，并停止发动机。④在达到极限

风速环境中的起重机必须停止工作。汽车起重机和轮胎起重机应停放在避风处或室内，履带起重机应把起重臂降至地面，扣上回转锁和回转制动器。在紧急情况下，应把起重臂降至地面，同时采取与在大风环境中停车相同的措施。

起吊物体作业时应注意以下几方面的问题。①应严格按起重机的起重量特性曲线图和起重量性能表实施作业。起吊重物不能超过规定的工作幅度和相应的额定起重量，严禁超载作业。②不允许用起重机吊拔拉力不清的埋置物体，不准抽吊交错挤压的物品，冬季不能吊拔冻住的物体。③斜拉和斜吊都容易造成倾翻。④不要随意增加平衡块的重量或减少变幅钢丝绳的支数。⑤避免上车突然起动或制动，当起吊物品的重量大、尺寸大、起升高度大时更应注意。

起重机在起升和行走时应注意的事项。①汽车起重机不允许吊着载荷行走。履带起重机和轮胎起重机一定要在允许的起重量范围内吊重行走，运行通过的路面要平整坚实，行走速度要缓慢均匀，按道路情况要及时换挡，不要急刹车和急转向，以避免吊重物摆动；同时，吊臂应置于行驶方向的前方。②起重臂长度较大的履带起重机的水平起重臂，一定要置于履带的纵方向，并在前进方向上，起重臂角度过大会产生摇摆，有后倾危险时，起重臂仰角应限于$30° ~ 70°$。

起重机作业前要检查力矩限制器、水平仪等安全装置。

2. 起重机在作业环境中的危险因素

（1）工作场地昏暗，无法看清场地、被吊物体状态和指挥信号时，应停止工作。（2）起重机不允许在暗沟、地下管道和防空洞等地面上作业。（3）起重机作业时，臂架、吊具、辅具、钢丝绳及吊物等与输电线的最小距离不应小于相应的规定。（4）起重机作业区附近不应有人做其他工作，发现有人走近应利用警号或喇叭示警。（5）起重作业场所内的建筑物、障碍物应符合起重机的行走、回转、变幅等的安全距离，必要时应在测量后再安排作业程序。

3. 起重机在安装、修理、调整、使用不正确时也存在着许多危险因素

起重臂因局部失稳产生了永久变形，即使变形很小，也是十分危险的。变形可以修复时应由专业修理厂进行修复，修复后须经试验合格方可使用；如不能修复时应报废。

安全防护装置中：①起升高度限位器的导线布置及追加布线，应特别注意其使用的可靠性，报警装置的重锤位置应按使用说明书限制的尺寸安装。②自动停止解除开关必须处于接通状态，否则整机将处于无保护状态。③钢丝绳变幅的幅度限制器调整时应做到：起重臂位于仰角$80°$时能使开关接通；当微动开关和断电器之间的导线断开或脱落时，幅度限制器将起作用，变幅机构将不能动作，即起重臂不能变幅。

分解桁架起重机的起重臂时应注意：①即使把变幅滑轮组和下部已连接起来，若没有支架，或没有张紧变幅绳，在分解时，起重机仍然有下落的危险。②在没有连接好变幅滑轮组和拉绳的情况下进行分解工作，将引起重大事故，尤其是在拔销的时候，

操作人员绝对不能进入起重臂的下面。③在变幅滑轮组和拉绳仍然相连接的情况下卸出起重臂连接销，起重臂有落下的危险。变幅滑轮组一定要安装在下部架上，下部架下垫以支架，然后才能拆卸起重臂连接销。④拆卸起重臂架的连接销时，一定要使变幅绳有适当的张力。如太松弛，在卸出连接销时，起重臂也有落下的危险。

起重机在操作时应注意：①升降、变幅、行走与回转诸动作的复合操作是很危险的，应避免复合操作。②桁架起重机绝对不能在低于双足支架位置进行工作；在变幅钢丝绳连接着起重机底架时，绝对不能让起重架的头部离开地面。③一般情况下不允许两台或两台以上的起重机同时起吊一个重物，特殊情况下需要使用时必须做到：钢丝绳应保持垂直，各台起重机的升降、运行应保持同步，各台起重机所承受的载荷均不得超过各自的额定起重能力。

如达不到上述要求，应降低额定起重能力至80%，也可由总工程师根据实际情况降低额定起重能力使用。吊运时，总工程师应在场指导。

### （三）流动式起重机的作业条件

（1）起重机司机必须持有安全技术操作许可证。严禁无证人员操作起重机。（2）起重机必须经安全监察部门安全检验合格，换发准用证，并在其有效期内方可实施起重作业。（3）起重机各限位装置、限制装置等安全防护装置齐全有效，制动装置离合器操纵装置等齐全有效，钢丝绳安全状态符合安全要求。（4）不得在高压线附近进行作业。当必须作业时，应遵守相关的安全操作规程，同时应有专人担任监护。（5）作业场地应有良好的照明。（6）允许作业的风力一般规定在五级以下。（7）在化工区域作业，应使起重机的工作范围与化工设备保持必要的安全距离。（8）在易燃易爆区工作时，应按规定办理相关手续，对起重机的动力装置、电气设备等采取可靠的防火、防爆措施。（9）在人员杂乱的现场作业时，应设置安全护栏或有专人担任安全警戒。（10）司机身体不适或精神不佳时不得操纵起重机，严禁起重施工人员酒后作业。

### （四）支腿操作

（1）支腿伸出前：①应了解地面的承压能力，合理选择垫板的材料、接地面积及接地位置，以防止作业时支腿沉陷。②应挂上停车制动器。③拔出支腿固定销。（2）支腿伸出时注意伸出的顺序，一般先伸出后支腿，再伸出前支腿，收支腿时顺序相反。（3）H形支腿架不宜过高，通常以轮胎脱离地面少许为宜。（4）架设支腿时应注意观察，应使回转支承基座面处于水平位置。（5）当上车有发动机设置的起重机，在下车支腿支承完毕后，应将下车发动机熄火，且将驱动器置于空挡位置。（6）支腿架设完成后，正式实施起重作业前应再次检查垂直支腿的接地情况，应使各支腿着地踏实，不得出现三支腿现象。（7）实施起重作业中不得调整支腿，当必须调整时，应将被吊物体落地，停止起重作业，在调整好支腿后，重新进行起重作业。

### （五）起重作业

**1. 司机登机后应检查内容**

（1）检查作业条件是否符合要求。（2）查看影响起重作业的障碍因素，特别是对特殊环境中实施的起重作业。（3）检查配重状态。（4）确定起重机各工作装置的状态，查看吊钩、钢丝绳及滑轮组的倍率与被吊物体是否匹配。（5）检查起重机技术状况，特别应检查安全防护装置的工作状态。装有电子力矩限制器或安全负荷指示器的应对其功能进行检查。（6）只有确认各操作杆在中立位置（或离合器已被解除）以后，才能进行起动。（7）气温在 -10℃以下时，要充分进行预热，液压起重机应保持液压油在 15℃以上时方可开始工作。发动机在预热运转中要检查油路、水路、电路和仪表，出现异常时要及时排除。（8）对于设有蓄能器的应检查其压力是否符合规定的要求。设置有离合器的起重机，应利用离合器操纵手柄检查离合器的功能是否正常；同时，推入离合器以后一定要锁定离合器。（9）松开吊钩，仰起臂架，低速运转各工作机构。（10）平稳操纵起升、变幅、伸缩、回转各工作机构及制动踏板；同时，观察各部分仪表、指示灯是否显示正常。各部分功能正常时方可正常作业。

**2. 变幅操作**

（1）变幅时应注意不得超出安全仰角区。（2）向下变幅时的停止动作必须平稳。（3）带载变幅时要保持被吊物体与起重臂的距离，防止被吊物体碰撞支腿、机体与变幅油缸。（4）起重臂由水平位置变幅起升时能减少起重力矩，是安全的；起重臂带载向水平位置倾倒变幅将增大起重力矩，存在倾翻的危险。（5）臂架正常使用的工作角度一般为 30°～80°。除特殊情况外，尽量不要使用 30° 以下的角度。（6）在起升重物时，变幅钢丝绳会变形伸长，工作半径也会跟着增加，特别是起重臂较长时，幅度的变化就更大。作业时应充分考虑这一变化。（7）桁架式起重机的臂架在大仰角起吊较重物件时，如果将重物急速下落，有可能使起重臂反向摆动，甚至倒向后方。因此，在注意起重臂的角度的同时，还要使被吊物体缓慢下落。

**3. 臂架伸缩操作**

（1）臂架伸出时应注意防止超出力矩限制范围。（2）在保证工作需要的基础上，尽量选用较短的臂长实施起重作业。（3）一般情况下，尽量不要带载伸缩臂架，因为带载伸缩臂架会加剧臂架间滑块的磨损，大大缩短滑块的使用寿命；必须带载伸缩时，要遵守起重量与工作幅度的规定，以避免超载或倾翻。（4）在臂架伸缩时应同时操纵起升机构，注意保持吊钩的安全距离，严防起升钢丝绳发生过卷。（5）对于同步伸缩的起重机，当前一节臂架的行程长于后一节臂架时应视为不安全状态，并予以修正和检修。（6）对于程序伸缩的起重机，必须按规定编好程序后才能开始伸缩。

4.起升操作

（1）要严格做到"十不吊"：①指挥信号不明确和违章指挥不吊。②超载不吊。③工件或吊物捆绑不牢不吊。④吊物上面有人不吊。⑤安全装置不齐全、不完好、动作不灵敏或有失效者不吊。⑥工件埋在地下或与地面建筑物、设备有钩挂时不吊。⑦光线阴暗视线不清不吊。⑧有棱角吊物无防护切割隔离保护措施不吊。⑨斜拉歪拽工件不吊。⑩六级（含六级）以上大风不吊。（2）检查滑轮倍率是否合适，以及配重状态与制动器的功能。倍率改变后的滑轮组须保持吊钩旋转轴与地面垂直。（3）被起吊的物件的重量不得超过起重机所处工况的允许起吊的起重量；起吊较重物件时，先将其吊离地面100～200mm，然后查看制动、起吊索具、支腿状态及整机稳定性等，发现可疑现象应放下被吊物，认真进行检查，判断为无危险后再进行起升作业，起升操作应平稳，不要使机械受到冲击。（4）在起升过程中，如果感到起重机有倾覆征兆或存在其他危险时，应立即将被吊物降落于地面上。（5）即使起重机上装有高度限位，起升操作时也要注意防止钢丝绳过卷。（6）起吊物件较轻、高度较高时，可用油门调速及双泵合流等措施提高功效。（7）吊装的物件即将就位时应采取发动机低速运转、单泵供油、节流调速等措施进行微动操作。（8）空钩时可以采用重力下降以提高工效。在扳动离合器杆之前，应先用脚踩住踏板，防止吊钩突然快速自由下落。（9）带载重力下降时，带载重量不应超过工况额定起重量的20%，并应控制好下降速度；当停止重物的下降时，应平稳地增加制动力，使重物逐渐减速停止；紧急制动可能使起重臂和变幅油缸，以及卷扬机构受损，甚至造成倾翻事故。（10）当被吊的物件落下低于地表面时，要注意卷筒上的钢丝绳应有不小于3圈的安全圈，以防止发生反卷事故。（11）起升机构不能只用液压马达制动器维持重物在空间，因时间较长时液压马达内部会漏油，使起升物件下落。因此必须靠支持制动器来支持被起吊的重物。如需较长时间保持起升重物时，应锁定起升卷筒。（12）当起升钢丝绳不正确地缠绕在卷筒或滑轮上时，切不可用手去挪动，可用金属棒进行调整。（13）操作者应了解起重机所处工况允许起吊的起重量，也应了解被起吊物件的重量；当起吊物件重量不明，但认为有可能接近起重机所处工况的临界起重量时应进行试吊，即先将重物稍微升起，检查起重机的稳定性，确认安全后，才可将物件吊起。（14）自由落钩时，一定要解除离合器，利用制动器，一面制动，一面进行落钩。（15）在作业中如发动机突然停止，没有设置液压油供给蓄能器的起重机，液压会下降，离合器会脱开，操作制动器会有沉重的感觉，应当立即锁定制动器及起升卷筒锁，解除离合器。（16）司机暂时停止操作或离开司机室时，要把起吊的重物下落到地面上，并锁定起升制动卷筒锁，解除离合器。

5.回转操作

（1）在回转作业前，应注意观察车架及转台尾部的回转半径内是否有人或障碍物；臂架的运行空间内是否有架空线路或其他障碍物。（2）回转作业时，应首先鸣喇叭示警，然后解除回转机构的制动或锁定，平稳地操纵回转操作杆。（3）回转速度应缓慢，不得粗暴地使用油门加速，突然加速会发生载荷振动，扩大工作半径是非常危险的。（4）当被吊物体回转到指定位置前，应首先缓慢收回操作杆，使被吊重物缓慢停止回转，避免突然制动而使被吊重物产生摆动，严禁在重物有摆动状态下进行回转操作。（5）被吊重物未完全离开地面前不得进行回转操作。（6）在同一个工作循环中，回转操作应在伸缩臂操作和变幅操作之前进行。（7）在起吊较重物体进行回转操作之前，应再次逐个检查支腿的工况。这一点很重要，因经常发生臂架回转时，个别支腿发软或地面支承不良而酿成事故。（8）在起吊较重物体回转时，可在被吊物体两侧系上牵引拉绳，用以防止吊物摆动。（9）在岸边码头作业时，起重机不得快速回转，防止因惯性力发生落水事故。（10）发动机突然停止时，要提起回转制动杆，锁定回转锁。（11）起重机不用时一定要锁定回转锁，提起回转制动，扣上制动器。

# 参考文献

[1] 程伟 . 工程质量控制与技术 [M]. 郑州：黄河水利出版社，2019：1.

[2] 赵群 . 机械工程控制基础 [M]. 北京：北京理工大学出版社，2019：10.

[3] 王瑞丽，孔爱菊 . 机械工程控制基础 [M]. 北京：北京理工大学出版社，2019：7.

[4] 刘国华 . 机械工程控制基础实验教程 [M]. 西安：西安电子科技大学出版社，2019：1.

[5] 胡开群，冯鑫 . 机械工程测试与控制技术 [M]. 成都：西南交通大学出版社，2019：12.

[6] 宋绪丁 . 机械制造技术基础 [M]. 西安：西北工业大学出版社，2019：8.

[7] 蔡安江 . 机械制造技术基础 [M]. 武汉：华中科技大学出版社，2019：1.

[8] 林颖，范淇元，覃羡烘 . 机械 CAD/CAM 技术与应用 [M]. 武汉：华中科技大学出版社，2019：1.

[9] 李奕晓 . 机械设计基础 [M]. 成都：电子科技大学出版社，2019：7.

[10] 杨秀萍 . 控制工程基础 [M]. 北京：机械工业出版社，2019：12.

[11] 薛小怀 . 工程材料与焊接基础 [M]. 上海：上海交通大学出版社，2019.

[12] 王忠诚，齐亚丽，邹继雪 . 工程造价控制与管理 [M]. 北京：北京理工大学出版社，2019：1.

[13] 徐小力，陈秀梅，朱骥北 . 机械控制工程基础 [M]. 北京：机械工业出版社，2020：7.

[14] 董明晓 . 机械工程控制基础：第 2 版 [M]. 北京：电子工业出版社，2020：1.

[15] 陈革，孙志宏 . 纺织机械设计基础 [M]. 北京：中国纺织出版社，2020：7.

[16] 黄妙华 . 智能车辆控制基础 [M]. 北京：机械工业出版社，2020：8.

[17] 孙进 . 机电传动控制基础 [M]. 北京：机械工业出版社，2020：9.

[18] 杨书仪 . 机械概论 [M]. 北京：北京航空航天大学出版社，2020：4.

[19] 闻邦椿 . 机械设计手册机电系统控制 [M]. 北京：机械工业出版社，2020：4.

[20] 薛弘晔 . 自动控制基础学习指导及习题详解 [M]. 西安：西安电子科学技术大学出版社，2020：8.

[21] 王晓瑜 . 电气控制与 PLC 应用技术 [M]. 西安：西北工业大学出版社，2020：9.

[22] 李红立 . 建筑工程项目成本控制与管理 [M]. 天津：天津科学技术出版社，2020：7.

[23] 姚屏 . 工业机器人技术基础 [M]. 北京：机械工业出版社，2020：8.

[24] 杨洋，苏鹏，郑昱 . 现代机械工程系列精品教材机器人控制理论基础 [M]. 北京：机械工业出版社，2021：10.

[25] 庞新宇 . 机械控制工程基础 [M]. 北京：北京理工大学出版社，2021：8.

[26] 许兆棠，刘远伟 . 现代机械工程系列精品教材并联机器人 [M]. 北京：机械工业出版社，2021：5.

[27] 钟再敏 . 车用驱动电机原理与控制基础 [M]. 北京：机械工业出版社，2021：1.

[28] 鲁植雄 . 新工科普通高等教育系列教材机械工程学科导论 [M]. 北京：机械工业出版社，2021：10.

[29] 赵汝和，蒋冬清 . 机械设计制造及其自动化专业本科系列教材液气压传动与控制 [M]. 重庆：重庆大学出版社，2021：6.

[30] 宋庆烁，刘清平 . 工厂电气控制技术：第 2 版 [M]. 北京：北京理工大学出版社，2021：5.

[31] 代春香，李敏，郭丽红 . 机械工程控制基础 [M]. 武汉：华中科技大学出版社，2018：8.

[32] 王朝晖 . 机械控制工程基础 [M]. 西安：西安交通大学出版社，2018：8.

[33] 罗忠，宋伟刚，郝丽娜 . 机械工程控制基础：第 3 版 [M]. 北京：科学出版社，2018：7.

[34] 王洁，刘慧芳 . 机械控制工程基础 [M]. 北京：机械工业出版社，2018：1.

[35] 金鑫，张之敬 . 机械控制工程基础 [M]. 北京：北京理工大学出版社，2018：4.